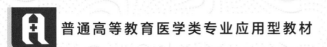 普通高等教育医学类专业应用型教材

U0163471

生理学实验指导

主　编　闫福曼

副主编　关　莉　刘海梅　刘　微

主　审　周乐全

编　委（按姓氏笔画排序）

朱慧敏　刘坤东　许洁安　苏　文

张亚星　张晓东　林锐珊　徐进文

西安交通大学出版社
XI'AN JIAOTONG UNIVERSITY PRESS

图书在版编目(CIP)数据

生理学实验指导 / 闫福曼主编. — 西安：西安交通大学
出版社，2023.7(2024.7 重印)
ISBN 978-7-5693-3188-2

Ⅰ.①生… Ⅱ.①闫… Ⅲ.①生物学—实验—高等学
校—教学参考资料 Ⅳ.①Q4-33

中国国家版本馆 CIP 数据核字(2023)第 066594 号

书　　名	生理学实验指导
主　　编	闫福曼
项目策划	苏　剑
责任编辑	赵文娟
责任校对	张静静

出版发行　西安交通大学出版社
　　　　　（西安市兴庆南路 1 号　邮政编码 710048）
网　　址　http://www.xjtupress.com
电　　话　(029)82668357　82667874(市场营销中心)
　　　　　(029)82668315(总编办)
传　　真　(029)82668280
印　　刷　陕西博文印务有限责任公司

开　　本　787mm×1092mm　1/16　印张　8.75　字数　161 千字
版次印次　2023 年 7 月第 1 版　2024 年 7 月第 2 次印刷
书　　号　ISBN 978-7-5693-3188-2
定　　价　35.00 元

如发现印装质量问题，请与本社市场营销中心联系。
订购热线：(029)82665248　(029)82667874
投稿热线：(029)82668803　(029)82668805

前　言
FOREWORD

　　生理学是一门实验性学科。生理学实验课是生理学教学中的重要组成部分。生理学实验一方面可以验证理论课所学知识，另一方面可以培养学生的动物实验操作技能，并培养学生科学的思维方法和严谨的工作态度，提高学生的科学素质。

　　党的二十大报告明确指出教育、科技、人才是全面建设社会主义现代化国家的基础性、战略性支撑。为强化教育领域综合改革，加强教材建设，适应高等医学人才培养目标的要求，我们根据普通高等教育中医药类规划教材《生理学》教学大纲，编写了《生理学实验指导》一书。作者在编写过程中注重遵循科学性、系统性、逻辑性及内容的先进性等基本原则。本书内容主要有"实验的基本要求""常用仪器及使用方法介绍""常用实验动物基本操作技术"和"各系统的基本实验"等。实验项目内容注重培养学生的基本操作技能及科研思维能力，为后续医学课程的学习奠定基础。

　　《生理学实验指导》的专题实验项目共35项，自主设计实验1项，教师可根据不同层次学生开展教学计划，尽量安排实施。

　　本书适合中医类院校中医学、中西医临床医学、针灸推拿学、药学和护理学等专业使用。

编　者

2023 年 3 月

目 录
CONTENTS

生理学实验概述

第一章 绪 论

生理学是基础医学的主干课程,阐述正常人体各器官系统、组织、细胞的基本功能活动规律、相互联系和调节机制等。生理学也是一门实验性课程,其理论是在医学实践及对动物或人体进行实验研究的基础上发展起来的。因此,实验教学是生理学教学的重要组成部分,是帮助医学生巩固基础理论知识,培养基本操作技能、创新能力和沟通交流能力,塑造良好职业素养、团队合作精神和人文情怀的重要平台。

一、生理学实验课的教学目标

(一)知识目标

1. 验证和巩固正常人体各个系统、器官和细胞的功能活动过程、机制及其相互联系和整体协调等生理学基本理论。

2. 掌握机能实验设计的随机、对照等基本原则,了解实验设计、实验实施、结果记录、讨论分析、得出结论等基本实验研究程序。

(二)能力目标

1. 熟练操作 BL-420 系列生物机能实验系统;熟悉剪刀、刺蛙针、止血钳、玻璃分针等手术器械的使用;掌握静脉注射、气管插管、神经和血管分离、动脉插管等基本操作技能。

2. 及时发现实验中导致结果偏差的问题,通过小组讨论、查阅文献或求助老师等途径研究问题,最终解决问题,得出预期结果,从而提升发现问题、解决问题的能力和沟通、协调能力。

3. 如实记录实验过程和结果,训练实事求是的科研素质,强化实验验证的科研思维。

(三)情感目标

1. 分担小组工作,积极与团队合作,培养协作态度和团队精神。

2.严格遵守实验课程的教学要求,养成求实、严谨的科学态度。

3.克服怕出错等心理障碍,建立勇于探究的科学精神。

4.学习动物伦理学,提升敬畏自然、尊重生命的医学素养。

5.探究实验设计背后的故事,培养关爱患者、救死扶伤的人文情怀。

二、生理学实验课的要求

(一)实验前的要求

1.仔细阅读实验指导和相关参考书,复习有关理论知识,熟悉实验目的、原理、对象、用品、实验方法、操作程序、观察项目和注意事项等。

2.充分理解实验设计原理,并根据理论预测实验应得的结果,拟定进一步深化实验的措施。

3.设计好实验原始记录表格,并拟定对本实验结果进行分析讨论的思路。

(二)实验中的要求

1.严格遵守实验室规则,听从带教老师安排,认真查对实验物品是否齐全、完好。

2.做好小组分工,团队协作。

3.按照实验指导认真操作,仔细观察实验过程中出现的现象,并如实记录实验结果。

4.如发现实验结果与预期不符,及时进行小组讨论或求助于教师,分析原因进行调整,直至得出预期结果。

5.保持实验室的秩序和整洁,爱惜实验设备,注意节约药品、动物、水电等。

(三)实验后的要求

1.关闭仪器设备的电源,将实验器械清洗干净,并核对归位。如有损坏或缺失,应向老师报告。

2.按规定妥善处理实验动物。

3.整理实验记录,分析实验结果,认真撰写实验报告,提交带教老师评阅。

三、生理学实验报告的书写

实验报告是学生复习理论和实验知识的材料,也是考查学生学习态度和实验表现的重要依据。生理学实验课后要求每位学生独立完成实验报告。

实验报告要求文字简练、通顺、书写清楚、整洁,正确使用标点符号。在撰写实验报告时,提倡相互讨论,但必须独立完成。

报告首页应填写班级、专业名称、实验小组、学生姓名、学号及带教老师姓名。

报告内容一般应包括题目、目的、原理、方法、结果、讨论和结论等。

（一）实验方法

对于一般情况或重复使用的方法可做简要说明。

（二）实验结果

真实记录实验过程中所观察到的现象和结果,有时需进一步将实验所观察到的现象和所获得的数据进行分析、归纳、综合,找出规律。凡属测量和计数资料,均应以正确的单位和数值定量表示,必要时可进行统计处理,以保证结论的可靠性。有些实验数据可以用统计表和图形表示,以使结果鲜明、突出,便于比较。需附结果图时,应使用原始记录,以保证结果的真实性。

（三）实验讨论和结论

实验讨论是在实验记录的基础上,根据已知的理论知识,对实验结果加以分析、概括并最后得出实验结论的思维推导过程。在讨论实验结果时,要从现象中找出规律,从实验结果中归纳出所验证的理论。结论应简明扼要,切合实际。在实验中未能证实的问题不应写入结论。对出现的非预期的结果,应分析其可能的原因。

四、生理学实验室规则

1. 自觉遵守课堂纪律,不迟到、早退,不无故缺席,有事须向教师请假。

2. 实验者必须穿白大褂,不得戴手套触碰鼠标、开关、门把手等。

3. 实验前必须认真预习实验指导及有关理论内容,须严肃认真地进行实验并按时完成,实验中不得进行与实验无关的活动。

4. 保持实验室安静,不大声喧哗,以免影响其他组的实验。

5. 分配给各组使用的实验器材,不得擅自调换。仪器出现故障,应立即报告教师,以便及时处理或更换。

6. 爱护国家财物,不得损坏实验室内各种仪器设备,注意节约耗材。公共物品使用后应立即放回原处,以免影响其他组使用。如损坏物品,应向教师报告,并进行登记。

7. 保持实验室整齐清洁,与实验无关的物品不要带进实验室。

8. 实验完毕,应清理实验器材。手术器械要洗净擦干,请老师验收后放回指定地点。如有缺少或损坏,应立即报告负责老师进行登记。动物尸体及实验废弃物应放到指定地点,不得随意丢弃。

9. 实验结束后,各组轮流值日,负责实验室清洁卫生及门窗、水电安全检查。

（关 莉）

第二章 常用仪器、设备和生理盐溶液

一、BL-420N 生物机能实验系统

(一)概述

本书采用的 BL-420N 生物机能实验系统是成都泰盟软件有限公司生产的配置在计算机上的四通道生物信号采集、放大、显示、记录与处理系统,由计算机、BL-420N 生物机能实验系统硬件、显示与处理软件等部分构成。该系统可以进行实时的信号显示与处理、及时存储数据、实验后对数据进行处理和打印等。如果配套人体生理信号无线连接器,可以将 HWS0601 人体无线生理信号采集器采集到的人体生理信号(如心电、血压、呼吸和血氧等)传入该系统进行显示和记录。该系统主要用于生理学、病理生理学、药理学等学科的各种机能实验、电生理实验等,使机能实验教学实现数字化和网络化(图1-2-1)。

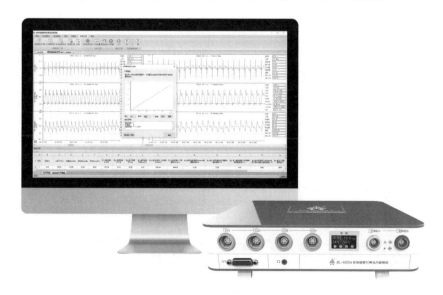

图 1-2-1 BL-420N 生物机能实验系统

(二)BL-420N 生物机能实验系统的工作原理

在生理学实验中,通常需要进行采集、记录、分析的生理信号主要有两大类:一类是反映电活动变化的生物电信号,如心电、脑电、肌电及神经放电等。这些生物电信号需要通过相应的电极引导、采集并输入放大器进行放大后就可以显示、记录出来。另一类是非电变化的信号,如张力、压力变化等。这些变化信号需要通过一个相应的信号转换装置(换能器)转换为电信号,输入放大器进行放大才能显示和记录。

信号经放大器放大、滤波后,通过模(拟)/数(字)转换(即 A/D 转换)后,输入计算机,通过生物机能实验系统软件对这些信号进行显示、实时处理并储存。这些信号还可以被进一步处理、分析及打印(图 1 - 2 - 2)。

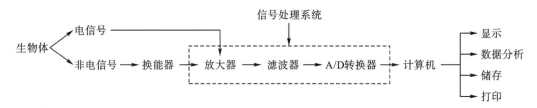

图 1 - 2 - 2　BL-420N 生物机能实验系统工作原理示意图

(三)BL-420N 生物机能实验系统功能特点

运行 BL-420N 生物机能实验系统程序后,即可出现软件操作主界面。软件主界面中包含 5 个主要的视图区,分别为功能区、波形显示视图区、实验数据列表视图区、刺激参数调节视图区,以及其他视图区(图 1 - 2 - 3)。各部分的功能介绍如下。

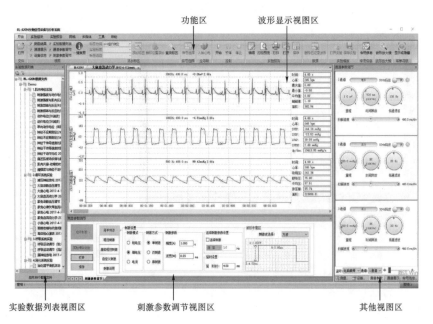

图 1 - 2 - 3　BL-420N 生物机能实验系统生物信号显示与处理软件主界面

1.功能区:位于软件主界面的最上方,共有7个栏目,分别是开始栏、实验模块栏、实验报告栏、网络栏、多媒体栏、工具栏和帮助栏。主要功能按钮的存放区域,是各种功能的起始点。功能区可以被最小化(图1-2-4)。

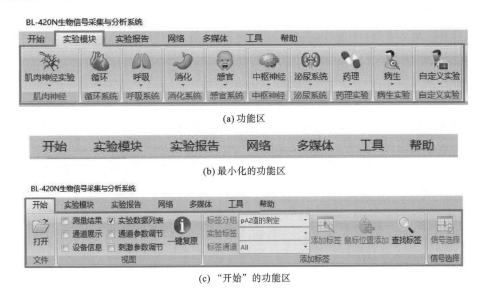

图1-2-4　BL-420N主界面功能区的正常功能区和最小化功能区

2.波形显示视图区:该区域主要由7个部分组成,包括波形显示区、顶部信息区、标尺区、测量信息显示区、时间坐标显示区、滚动条以及双视分隔条(图1-2-5)。视图区各部分功能说明见表1-2-1。

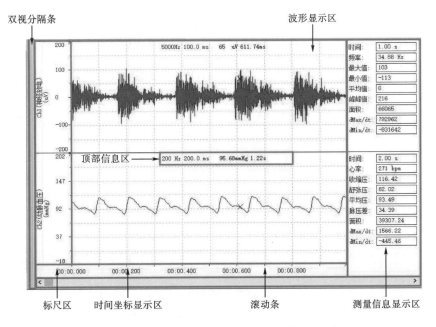

图1-2-5　BL-420N生物机能实验系统波形显示视图区

表 1-2-1 波形显示视图区各部分功能说明

区域名称	功能说明
波形显示区	以通道为基础同时显示 $1 \sim n$ 个通道的信号波形
顶部信息区	显示通道基本信息,包括采样率、扫描速度和测量数据等
标尺区	显示通道幅度标尺,幅度标尺用于对信号的幅度进行定量标识
测量信息显示区	显示通道区间测量的结果
时间坐标显示区	显示所有通道的时间位置标尺,以 1 通道为基准
滚动条	拖动定位反演文件中波形的位置
双视分隔条	拖动双视分隔条可以实现波形的双视显示,用于波形的对比

3. 实验数据列表视图区:该视图区用于列出"当前工作目录\Data\"子目录下的全部原始数据文件,便于快速查看或打开这些文件进行反演(图 1-2-6)。

图 1-2-6 实验数据列表视图区

4.刺激参数调节视图区:该区主要包括刺激参数功能区、刺激参数调节区、刺激设置区,以及波形示意区(图1-2-7)。

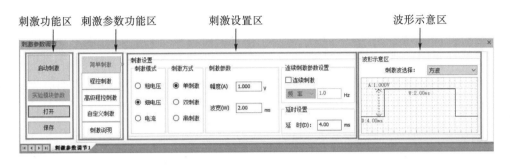

图1-2-7　刺激参数调节视图区

5.通道参数视图区:该区用于在采样过程中调节硬件系统参数,对应的每一个采样通道都有一个参数调节区域,调节该通道的量程、时间常数(高通滤波)、低通滤波和50Hz陷波等参数;在该视图区的底部主要实现监听音量调节功能(图1-2-8)。

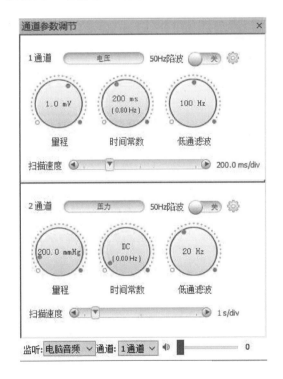

图1-2-8　通道参数调节视图区

(四)BL-420N生物机能实验系统操作方法

1.开机:通过USB连线将BL-420N生物机能实验系统主机与计算机主机连接,并分别打开其电源。

2.启动软件:启动计算机进入 Windows 中文操作系统,单击"开始"按钮,在"程序"项中单击或在桌面双击 BL-420N 生物机能实验系统程序图标,运行该程序。

3.开始实验:有三种方法可以启动 BL-420N 生物机能实验系统进行生物信号采样与显示,分别是从实验模块启动实验、从信号选择对话框进入实验,以及从快速启动视图开始实验。本书主要介绍从实验模块启动实验,操作过程如下:①选择功能区"实验模块"栏目;②根据需要选择不同的实验模块开始实验,例如,选择"循环"—"期前收缩 -代偿间歇",将自动启动该实验模块(图 1-2-9)。

从实验模块启动实验时,系统会自动根据选择的实验项目配置各种实验参数。

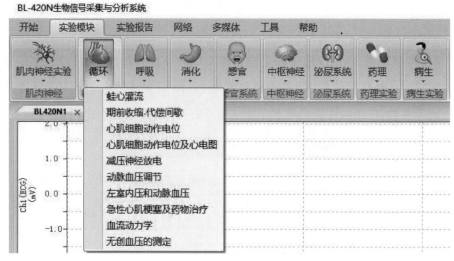

图 1-2-9　从功能区中的实验模块启动下拉按钮

4.调节参数:根据被观察信号大小及波形特点,调节各通道量程、扫描速度、时间常数及低通滤波,使所观察的波形处于合适的状态(图 1-2-10)。

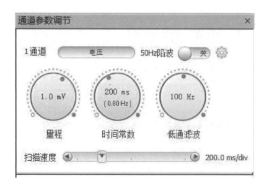

图 1-2-10　通道参数调节区

(1)量程:用于调节对应通道的放大器的量程。用鼠标左键单击"量程"调节旋钮可以放大波形,用鼠标右键单击则缩小波形。根据通道本身的信号类型的不同,信号量程会有不同的单位,例如在心电信号类型时显示单位是"mV",在压力信号类型时显示"mmHg"。

(2)时间常数:即高通滤波,表示高于该频率的信号不被衰减,而低于该频率的信号会快速衰减。

(3)低通滤波:表示低于该频率的信号不被衰减,而高于该频率的信号会快速衰减。

对时间常数、低通滤波这两个信号的调节,使所记录和显示的信号落在一个较好的通频带范围,记录的信号更加真实和可靠。一般来说,生物信号的类型不同,选用的滤波和时间常数也不同,如果选用不恰当,会造成记录的信号失真。

(4)扫描速度:可改变通道显示波形的扫描速度,移动鼠标至三角游标上,单击左键,向右滑动则扫描速度加快,向左滑动则扫描速度减慢。

5. 观察结果:为了便于观察,可以把通道显示的波形进行上移或下移,放大或缩小,压缩或扩展,具体操作如下。

(1)上下移动波形的步骤:在通道标尺区按下鼠标左键;在按住鼠标左键不放的情况下,上下移动鼠标,此时波形会跟随鼠标的上下移动而移动。确认好波形移动的位置后,松开鼠标左键,完成波形移动(图1-2-11)。

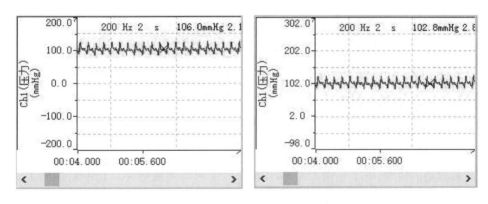

图1-2-11　单通道波形的上移和下移

(2)放大、缩小波形的步骤:将鼠标移动到通道标尺区中,向上滑动鼠标滚轮放大波形,向下滑动鼠标滚轮缩小波形。在标尺窗口中双击鼠标左键,波形会恢复到默认标尺大小(图1-2-12)。

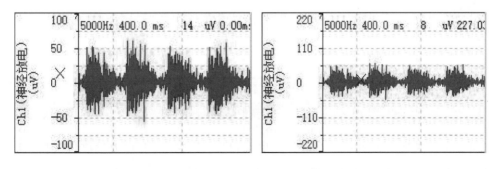

图1-2-12　BL-420N系统单通道波形的放大和缩小

（3）压缩和扩展波形的步骤：将鼠标移动到波形显示通道中，向上滑动鼠标滚轮扩展波形，向下滑动鼠标滚轮压缩波形（图1－2－13）。

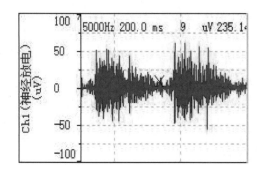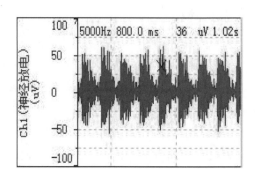

图1－2－13　单通道波形的扩展和压缩

6.实验标记：在实验过程中，往往需要在实验波形有变化的部分（比如刺激或用药后）添加一个实验标记，以明确实验过程中的变化，同时也为反演查找留下依据。

在BL－420N生物机能实验系统软件中，有两种类型的实验标记可选择，分别是新建实验标记和特殊实验标记。新建实验标记对所有实验效果相同，添加新建实验标记只要按下鼠标右键菜单中的"实验标签"添加命令按钮即可，其形式为在通道显示窗口中显示一垂直虚线，虚线的后面有一个新建实验标签名。实验标签名可自行输入。特殊实验标记是实验模块本身预设或自己编辑的文字，实验时用鼠标在"开始"菜单中选择相应的标签分组以及实验标签，并在需要添加标签的通道用鼠标左键点击"添加标签"设置即可，每选择一次只能标记一次。

7.刺激器的使用：电子刺激器可输出准确稳定的电刺激脉冲。它不易损伤组织，能定量、定时，并可重复使用，因此是生理学实验中经常使用的刺激仪器。

BL－420N生物机能实验系统可通过选择功能区开始栏中的"刺激器"选择框打开刺激参数调节视图（图1－2－14）。此时可根据实验需要调节刺激器的各参数。

图1－2－14　水平放置的刺激器参数调节视图

刺激参数调节视图分为11个部分："启动刺激"按钮、"实验模块参数"按钮、"打开"按钮、"保存"按钮、刺激功能区、刺激模式、刺激方式、刺激参数、连续刺激参数设置、延时设置,以及波形示意区。

(1)启动刺激:单击"启动刺激"按钮可以按照刺激器当前设置参数启动 BL-420N 系统硬件,向外输出刺激信号。

(2)实验模块参数:当打开的是系统模块实验,并且该实验有刺激参数,此时"实验模块参数"按钮才可用,点击"实验模块参数"后会弹出实验参数界面。

(3)打开:单击"打开"按钮可以打开所有刺激参数对应名称的列表。

(4)保存:单击"保存"按钮可以保存当前刺激参数调节界面的参数到数据库中。

(5)刺激功能区:刺激器可以分为简单刺激、程控刺激、高级程控刺激,自定义刺激以及刺激说明。

(6)刺激模式:控制刺激器工作的模式,如电压、电流刺激模式的选择。

(7)刺激方式:根据需要可选择单刺激、双刺激,以及串刺激。

(8)刺激参数:参数调节区可调节单个刺激的基本参数,包括波宽、幅度等。波宽即刺激的作用时间,选择时需与刺激强度相配合。幅度即是电压或电流的强度。一般刺激器的刺激输出强度可在 0~50V 进行调节。常用的刺激强度在 10V 以内,电压太高会损伤组织。

(9)连续刺激参数设置:当选择为连续刺激时,刺激方式则为连续单刺激、连续双刺激、连续串刺激。刺激频率可调节到所需的频率。

(10)延时设置:当设置启动时,可设置延时大小。其作用是使触发输出与刺激波输出之间产生一定的时间延迟。

(11)波形示意区:显示调节参数后的刺激波形和参数。

8.结束实验:当要结束实验时,可在"启动视图"中点击"停止"按钮(图 1-2-15),或者选择功能区开始栏中的"停止"按钮,就可以停止实验操作。此时系统会弹出一个询问对话框询问是否停止实验,如果确认停止实验,则系统会弹出"另存为"对话框,让用户确认保存数据的名字,文件的默认命名为"年_月_日_Non. tmen";也可以自己修改存储的文件名,点击"保存"即可完成保存数据操作。保存后就可以调出本次实验数据进行反演。如果不保存文件,则按"取消"按钮。

(a) 启动视图中的"暂停""停止"按钮　　(b) 功能区开始栏中的"暂停""停止"按钮

图 1-2-15　两种结束实验控制按钮区

9. 图形剪辑:在实时实验过程或数据反演中,按下启动视图中的"暂停"按钮使实验处于暂停状态,在选择区域的左上角按下鼠标左键;在按住鼠标左键不放的情况下,向右下方移动鼠标,以确定选择区域的右下角;在选定右下角之后松开鼠标左键,完成信号波形的选择。波形选择完成后,被选择波形以及该选择波形的时间轴和幅度标尺就以图形的方式被复制到了计算机内存中。此后,可以在 Word 文档中或编辑实验报告中粘贴选择的波形。重复上述步骤可以剪辑其他波形段的图形,然后编辑成一幅整体图形,可以存储或打印。

10. 数据剪辑:打开已保存的数据文件,在需要剪辑的实验波形中进行区域选择,用鼠标左键单击工具条上的"数据剪辑"按钮,一段数据曲线即被剪切出来,可重复剪切,最后选择文件名进行保存。

11. 数据测量:在 BL-420N 生物机能实验系统中数据测量主要包括区间测量、心功能参数测量、血流动力学测量、心肌细胞动作电位测量和肺功能测量。所有测量方法的步骤都是一致的,都是通过右键点击波形显示区中某个通道,在弹出的快捷菜单中选择相应的"测量"命令启动测量(图 1-2-16)。每次测量的结果显示在通道右边信息显示区中。单击鼠标右键结束本次所有测量之后,测量的结果会传递到测量结果视图中。

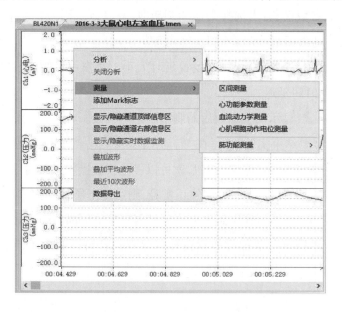

图 1-2-16 数据测量功能示意图

12. 编辑实验报告:实验完成后,可以用鼠标左键点击"功能区"—"开始"栏—"实验报告"—"编辑"按钮,系统将启动实验报告编辑功能。实验报告编辑器相当于在 Word 软件中编辑文档,可以在实验报告编辑器中输入用户名、实验目的、实验方法、结论和其他信息,也可以从打开的原始数据文件中选择波形粘贴到实验报告中。系统默认将当前屏幕显示的波形自动提取到实验报告的"实验结果"显示区中。

13.打印实验报告:用鼠标左键点击"功能区"—"开始"栏—"实验报告"—"打印"功能按钮,就可以打印当前编辑好的实验报告,也可以打印已存储在本地的实验报告。

二、换能器

换能器(又称传感器),就是把生理学实验中一些非电信号转换成电信号的装置,不同的非电信号必须通过相应的换能器才能转换,如压力换能器、张力换能器、呼吸换能器等。

(一)张力换能器

张力换能器可通过机械牵拉换能器悬梁上的受力点使电桥失去平衡而产生电流的原理,把实验中的一些机械力变化转换成电能变化,输入放大器放大后加以处理和分析。张力换能器的应变元件的厚度与承受力的大小有关,根据所测生理机械力的大小,可采用不同上限量程的张力换能器(图 1 - 2 - 17)。

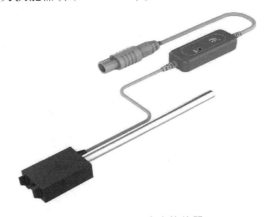

图 1 - 2 - 17　张力换能器

使用张力换能器时,先将被测标本的一端固定,另一端按标本的长度悬于张力换能器的受力点上,然后将张力换能器的输出与放大器相接通,便可观察或记录标本收缩 - 舒张活动经换能后的变化。

(二)血压换能器

血压换能器(图 1 - 2 - 18)是压力换能器中的一种,能将血压的变化转换为电能。血压换能器的头部用透明罩密封,其内充满肝素生理盐水,从排气孔排出所有残余气泡,然后夹闭。另有一嘴为压力传送嘴,接通血管套管,当压力传送嘴与血管接通时,压力传至弹性扁管,使应变片变形,输出电流改变。

图 1-2-18　血压换能器

（三）呼吸换能器

呼吸换能器（图 1-2-19）主要由造压阀、塑料管、差压传感器组成，其工作原理与血压换能器类似。使用时，只需在"Y"形气管插管的一端套上胶管，然后与呼吸换能器的输入端相连接，就可以用来测量兔子和大鼠的呼吸波，也可以测量呼吸流量。

图 1-2-19　呼吸换能器

（闫福曼　林锐珊）

三、常用器械

（一）蛙类手术器械

1. 金属探针：也称刺蛙针，用于破坏蛙或蟾蜍的脑和脊髓。

2. 镊子：大镊子用于夹持肌肉和皮肤等组织；小镊子用于夹持细软组织，如小血管等。

3. 剪刀：粗剪刀用于剪骨骼等粗硬组织；手术剪用于剪肌肉和皮肤组织等；眼科手术剪用于剪神经、血管和心包膜等组织。

4.玻璃分针:用于分离神经及血管等组织,使用中不可用力过猛,以防折断。

5.蛙板:用于固定蟾蜍或其他标本,以便解剖和进行实验。

6.蛙心夹:使用时用一端夹住蛙心尖部,另一端通过连线连接张力换能器,以记录心脏的收缩和舒张活动。

(二)哺乳类动物手术器械

1.手术刀:用于切开皮肤和脏器。常用的手术刀执刀法有4种(图1-2-20)。

2.剪刀:包括手术剪和眼科手术剪。手术剪根据前端形态不同又分弯剪和直剪两种:弯剪用于剪毛;直剪用于剪皮肤、皮下组织、血管和脂肪组织等。眼科手术剪用于剪神经、包膜和血管等组织。

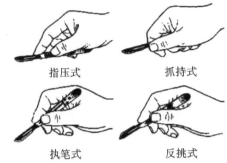

指压式　　抓持式

执笔式　　反挑式

图1-2-20　常用手术刀执刀法

3.镊子:分为无齿镊和有齿镊两种,长短大小不一,可根据实验需要来选择。

4.止血钳:分为大、小,直、弯,有齿、无齿等不同规格;用于止血和分离组织等。

5.持针器:头端较短,口内有槽。执持针器的手法基本同执剪刀的手法。

6.动脉夹:用于夹闭动脉以暂时阻断血流。

7.气管插管:多为"Y"形,有大、小不同规格,可以根据动物气管大小选择;用于急性动物实验时插入气管保证呼吸通畅。

8.其他插管:多用粗细不等的塑料管制成,用于动脉、静脉或输尿管插管。

9.颅骨钻和咬骨钳:用于开颅钻孔和打开颅腔时咬切骨质。

10.其他:如三通管,用于控制实验中液体的流动方向;如缝针,有大、小、直、弯,圆形、三角形之分,用于缝合组织或皮肤。

动物实验常用手术器械见图1-2-21。

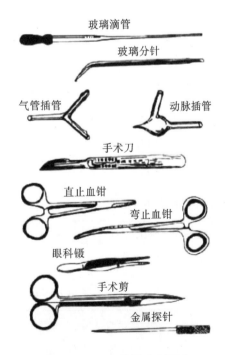

玻璃滴管
玻璃分针
气管插管　　　动脉插管
手术刀
直止血钳
弯止血钳
眼科镊
手术剪
金属探针

图1-2-21　常用手术器械

四、常用生理盐溶液及实验药品的配制方法

(一)常用生理盐溶液

在进行离体实验时,需要将组织、器官置于与其体内环境相似的溶液中,以维持其正常功能活动,此类溶液称为生理盐溶液。生理学实验常用的有生理盐水、任氏液、乐氏液和台氏液。

1.生理盐水:为生理学实验或临床上常用与动物或人体血浆的渗透压相等的氯化钠溶液。恒温动物用 0.9% NaCl 溶液,两栖类用 0.65% NaCl 溶液。

2.任氏液(Ringer's solution):是一种比较接近两栖动物内环境的液体,可以用来延长蛙心在体外跳动的时间,保持两栖类其他离体组织器官的生理活性。

3.乐氏液(Locke's solution):是一种平衡盐溶液,用于维持在体外条件下离体组织器官的生存和代谢需要。

4.台氏液(Tyrode's solution):也是一种平衡盐溶液,主要用于哺乳动物离体肠道平滑肌实验,维持离体肠道平滑肌的正常生理功能。

生理学实验中常用的生理盐溶液成分及其配制方法见表 1 - 2 - 2 和表 1 - 2 - 3。

表 1 - 2 - 2　生理学实验常用生理盐溶液成分(单位:g)

成　分	生理盐水		任氏液	乐氏液	台氏液
	两栖类	哺乳类	(两栖类)	(哺乳类)	(哺乳类小肠)
氯化钠(NaCl)	6.50	9.00	6.50	9.00	8.00
氯化钾(KCl)	—	—	0.14	0.42	0.20
氯化钙($CaCl_2$)	—	—	0.12	0.24	0.20
氯化镁($MgCl_2$)	—	—	—	—	0.10
碳酸氢钠($NaHCO_3$)	—	—	0.20	0.10 ~ 0.30	1.00
磷酸二氢钠(NaH_2PO_4)	—	—	0.01	—	0.05
葡萄糖(G.S)	—	—	2.00	1.00 ~ 2.50	1.00
蒸馏水(H_2O)	加至 1000mL	加至 1000mL	加至 1000mL	加至 1000mL	加至 1000mL

配制方法是先将各成分分别配制成一定浓度的基础溶液,然后按表 1 - 2 - 3 所列分量混合而成。

表1-2-3　生理学实验常用生理盐溶液配制方法(单位:mL)

基础盐溶液成分	浓度	任氏液	乐氏液	台氏液
氯化钠(NaCl)	20%	32.50	45.00	40.00
氯化钾(KCl)	10%	1.40	4.20	2.00
氯化钙($CaCl_2$)	10%	1.20	2.40	2.00
氯化镁($MgCl_2$)	5%	—	—	2.00
碳酸氢钠($NaHCO_3$)	5%	4.00	2.00	20.00
磷酸二氢钠(NaH_2PO_4)	1%	1.00	—	5.00
葡萄糖(G.S)	5%	40.00	10~50	20.00
蒸馏水(H_2O)		加至1000	加至1000	加至1000

(二)常用抗凝剂的配制

1.肝素:因首先在肝脏中被发现而得名。天然肝素主要存在于肥大细胞中,主要从牛肺或猪小肠黏膜中提取。常用肝素钠注射液,浓度为12500U/2mL(1mg相当于125U),主要用于:①配制肝素生理盐水,用于充填动脉插管,封管时常用浓度为10~100U/mL。配制方法为取2mL肝素钠注射液,用生理盐水稀释至1000mL。②体外抗凝管制备。一般可先配成1%肝素生理盐溶液,用时取0.1mL于试管内,让其均匀湿润管壁,之后放入80~100℃烘干箱里烘干备用。

2.柠檬酸钠:主要用于体外抗凝,如输血或检验室血样抗凝,配制浓度为2.5%~4%。每100mL全血中加10mL。配制方法为取柠檬酸钠3.8g,加蒸馏水至100mL,4℃保存备用。

(刘坤东)

第三章 动物实验的基本操作技术

一、实验动物

(一) 概述

实验动物是生物学、医学实验所用动物的统称。动物为专门培育饲养,来源清楚,遗传背景明确,并可对其携带的微生物进行控制。实验动物主要用于科学研究、示范教学、生物制剂和检验等领域。

实验动物最先来自与人类生活圈密切相关的哺乳动物,如犬、猫、猪等,它们因具有与人类相似的生命特征,对于这些动物的活体解剖也成为了解生命的重要途径。从西医学奠基人希波克拉底开始,到亚里士多德、古罗马医学家盖伦以及达·芬奇,他们都曾以解剖各种动物的方式来探索生理现象。

英国医生威廉·哈维采用比较解剖和活体解剖不同动物的方法,研究了大量的冷血动物和濒死哺乳动物的心脏跳动情况,并于1628年出版了《心血运动论》一书,提出了血液是循环运行的,心脏有节律的持续搏动是促使血液在全身循环流动的动力源泉。该书是历史上第一部基于实验研究的生理学著作,也进一步奠定了动物实验作为医学研究的基础。

实验动物学诞生于20世纪50年代初期,是一门研究实验动物和动物实验的综合性基础应用学科,是融合了动物学、兽医学、医学和生物学等学科的理论体系和研究成果逐步发展而成。其根本目的是要为医学、生物学研究和医药产品安全性、有效性评价提供标准的实验动物,从而保证研究结果的科学性、准确性、重复性、可靠性。

(二) 常用实验动物

1. 蟾蜍和青蛙:二者均属于两栖类动物,为变温动物,主要用于生理学和药理学的科研与教学。其心脏的解剖学结构为两个心房,一个心室,动静脉血混合,心脏在离体情况下仍可节律性搏动,故常用于心脏生理和药理学实验。生理学实验中常用蛙坐骨神经-

腓肠肌标本、坐骨神经干以及胃肠平滑肌等,观察外周神经和骨骼肌的关系,各种刺激对神经肌肉以及胃肠平滑肌的作用,神经－肌肉接头的作用等。蛙舌和肠系膜可用于观察炎症反应和微循环变化。此外,两栖类还可用于生殖、胚胎发育、内分泌、断肢再植等领域的研究。

2. 大鼠和小鼠:是各类科研实验中用量最大、用途最广的哺乳类实验动物,广泛应用于生物医学研究的各个领域。其生理特点是繁殖能力强、发育迅速,能够复制出多种疾病模型,适用于需要大样本量的实验。其可用于生理学、病理学、药理学和毒理学、肿瘤学、遗传学、传染病、核医学、营养学和老年病学等领域。比如各种药物的筛选性实验、毒性实验和药物安全评价、药效学研究和生物制品的效价测定、细菌病毒和寄生虫学研究、肿瘤学和免疫学研究等。按照遗传学分类,小鼠的主要品系有封闭群小鼠(包括 NIH 小鼠、ICR 小鼠和昆明小鼠等)、近交系小鼠(包括 BALB/c 小鼠、C57BL/6J 小鼠、C3H 小鼠和 615 小鼠等)和突变系小鼠(包括裸小鼠、SCID 小鼠和 NOD － SCID 小鼠等)。大鼠的主要品系有封闭群大鼠(包括 Wistar 大鼠、SD 大鼠和 Long－Evens 大鼠等)、近交系大鼠(包括 F344 大鼠、LEW 大鼠和 Lou/CN 和 Lou/MN 大鼠等)和突变系大鼠(包括 SHR 大鼠、WKY 大鼠、裸大鼠和癫痫大鼠等)。

3. 豚鼠:又称荷兰猪、天竺鼠。其性情温顺、胆小,不会攀登,较少斗殴,对各种刺激有较高的反应性,受到惊吓后特别是持续刺激后会出现一系列不良反应。豚鼠在生物研究中的应用包括:①豚鼠是进行过敏性反应和变态反应的首选动物。特别是老龄雌鼠的血清中含有丰富的补体,是所有实验动物中补体含量最多的一种动物,其补体非常稳定,故常用于免疫学实验研究。②豚鼠听觉非常发达,能识别多种不同的声音,它听到的音域远大于人的音域,常用于听觉和内耳疾病的研究,如噪声对听力的影响、耳毒性抗生素的研究等。③豚鼠体内不能合成维生素 C,对维生素 C 缺乏十分敏感,既是研究实验性坏血病和维生素 C 生理功能的理想动物模型,也是维生素 C 生物学检测的标准动物。④豚鼠对很多致病菌和病毒十分敏感,是微生物感染试验中常用的实验动物。⑤豚鼠皮肤对毒物刺激敏感,其反应接近人类,故也用于局部皮肤毒物作用研究。⑥豚鼠缺氧耐受力强,是缺氧耐受性和测量耗氧量研究的首选动物。⑦豚鼠由于妊娠期长,胚胎发育完全,因此可应用于药物或毒物对胎儿发育影响的研究。⑧豚鼠对组胺敏感,在过敏时可出现支气管哮喘,常用于平喘镇咳药的研究。另外,豚鼠的血管反应敏感,出血症状显著,可用于出血或血管通透性变化的实验研究,还可复制典型的急性肺水肿动物模型。

4. 家兔:是生理学教学实验中最常用的动物之一。家兔体小力弱、胆小怕惊、怕热、怕潮、耳大、血管清晰,便于注射和取血,常用于动脉血压的测定、呼吸运动的调节以及尿生成实验等多种生理学教学实验。家兔在生物医学研究中的应用包括：发热研究和热源研究，其被制药和药检部门广泛应用于对各种制剂的致热原的检测；胆固醇代谢和动脉粥样硬化症的研究；眼科学和免疫学研究，其被用于制作各种免疫血清；皮肤反应研究；心血管和肺心病研究，家兔颈部神经血管和胸腔结构适合进行急性心血管实验，还适合复制心血管和肺心病的各种动物模型；生殖生理及胚胎学研究和微生物研究等。实验兔的主要品系有新西兰兔、大耳白兔和中国白兔。

5. 犬：是医学实验中最常用的大动物。其主要生物学特性有：①喜与人为伴，有服从主人的天性；②神经系统发达，适应能力强；③为红绿色盲，视网膜上无黄斑，每只眼有单独视野，视角低于25°，但嗅觉和听觉分别比人强1200倍和16倍；④肉食性动物，消化系统结构和功能与人相似；⑤皮肤汗腺极不发达。实验犬主要应用在实验外科学，用于临床医生研究新的手术和麻醉方法，如心血管外科、脑外科、断肢再植、器官组织移植等。犬也是目前基础医学研究和教学中最常用的动物之一，尤其在生理学和病理生理学的研究中，如急性心肌梗死、失血性休克、各种消化道造瘘术、急性肺动脉高压、内分泌腺摘除实验和神经系统实验等。犬还应用于磺胺类药物代谢研究、各种新药临床前的药理毒理实验等。另外，犬也应用在狂犬病、高胆固醇血症、血友病、先天性心脏病和肿瘤学的研究等方面。

6. 猫：喜孤独而自由的生活，喜爱明亮干燥的环境，对环境适应性强。猫有极敏感的神经系统，其大脑和小脑较发达，平衡感觉、反射功能发达，是脑神经生理学研究的绝好实验动物，主要用于神经学、生理学和毒理学的研究。猫常被用于睡眠、体温调节、条件反射、去大脑僵直、交感神经瞬膜及虹膜反应等研究。猫对吗啡的反应和一般动物相反，兔、大鼠、猴等主要表现为中枢抑制，而猫却表现为中枢兴奋。猫的血压稳定，血管壁较坚韧，心脏收缩力强，适合进行药物对循环系统作用机制的研究。猫可复制很多疾病动物模型，如弓形虫病、白血病、白化病、卟啉病、耳聋症和炭疽病等。

二、实验动物的麻醉

(一)常用的全身麻醉剂

1. 乌拉坦：又名氨基甲酸乙酯。此药是比较温和的麻醉药，安全性高，适用于多数动物，更适用于小动物。乌拉坦药效迅速，麻醉过程平稳，持续时间较长(4~5h)，无烦躁、呕吐、呼吸道分泌等现象，易溶于水，常配成20%~25%的乌拉坦溶液使用。

2. 乙醚：是一种挥发性麻醉剂，由呼吸道给药，常用于需要动物苏醒快的实验项目。乙醚常用口罩法给药，给动物戴上用金属网特制的麻醉罩，外敷数层纱布，将药物滴于纱布上,吸入麻醉,常用于大动物(如犬)等。另一种方法是将动物置于玻璃罩内,将浸有乙醚的棉球放入罩内。这种方法常用于小动物,如大鼠、小鼠;亦可用大烧杯、小烧杯,猫、兔可用脸盆等。

3. 戊巴比妥钠:药效快,持续时间较短,为 2~4h,适合一般使用要求。给药后对动物循环和呼吸系统无显著抑制作用。常配成 1%~3% 的戊巴比妥钠溶液,方法为取 1~3g 戊巴比妥钠,加入 95% 的乙醇 10mL,稍加温助溶后,再加入 0.9% NaCl 溶液加至 100mL。常从静脉或腹腔给药。使用时应注意动物保温。

4. 异氟烷:属于吸入性麻醉药,为非易燃、非易爆物品。其作用特点是麻醉诱导快,苏醒快,有一定的肌松作用,可抑制呼吸系统和心血管系统。异氟烷用于各种动物的诱导和(或)维持麻醉。使用时需通过精密的蒸发器帮助吸入。

5. 硫喷妥钠:为黄色粉末状,水溶液不稳定,故在实验时现用现配。常用浓度为 1%~5%,静脉注射后麻醉效果出现迅速,动物苏醒也快,一次给药后麻醉维持时间为 0.5~1h。因其对呼吸有一定抑制作用,故在静脉推注时速度一定要慢。

6. 其他:在较小动物,若要做离体实验,如摘取心脏、肝脏或肾脏等,可采用木槌击头法,右手持木槌,左手扶动物腰背部,看准其后头部猛击之,使动物昏迷失去知觉,迅速完成手术。此法常用于猫、兔、鼠类。而对于蛙类常采取破坏中枢神经系统法,用金属探针,从两眼间沿后背正中线下滑,有一凹陷处,此处为枕骨大孔,以 15° 角向鼻尖方向刺入,左右摇动金属探针(探针尖有在骨腔感),破坏左右大脑。然后退回,向相反方向刺入脊髓腔,将金属探针上下移动破坏脊髓,尤其要将颈膨大和腰膨大破坏彻底。

(二)常用动物麻醉药物剂量和使用方法

常用动物麻醉药物剂量和使用方法见表 1-3-1。

表 1-3-1 常用动物麻醉药物剂量和使用方法

麻醉药	动物	给药途径	浓度	剂量	持续时间	其他
乙醚	各种动物	吸入	3%~4%	诱导浓度	停止吸入 30min 内完全苏醒	可用阿托品抗黏液分泌
			1%~2%	维持浓度		
异氟烷	各种动物	吸入	3%~5%	诱导浓度	停止吸入 15min 左右可苏醒	维持用药时可与镇静药、镇痛药配合使用
			1%~2%	维持浓度		
戊巴比妥钠	兔	静脉	3%	30mg/kg	2~4h	麻醉较平稳
	猫	腹腔	3%	35mg/kg		
	鼠	腹腔	3%	40mg/kg		

续表

麻醉药	动物	给药途径	浓度	剂量	持续时间	其他
乌拉坦	兔、猫	静脉	25%	1000mg/kg	2～4h	对器官功能影响较小,主要适用于小动物麻醉
		腹腔	25%	1000mg/kg		
	鼠	腹腔	25%	1000mg/kg		
	蛙	皮下囊	25%	2000mg/kg		
硫喷妥钠	猫	静脉	2.5%～5%	15～25mg/kg	0.5～1.5h	溶液要现用现配;不宜进行皮下肌肉注射
	兔	静脉	2.5%～5%	10～20mg/kg		

(三)常用麻醉给药途径

1.静脉注射:注射前用阻断静脉回流的方法使局部血管扩张,注射时的进针角度不宜太大,针头进入静脉后一般会有回血,注射时没有阻力。犬一般选用前肢内侧皮下静脉和后肢小隐静脉。兔耳部血管清晰,常选用耳缘静脉。大鼠和小鼠一般采用尾静脉注射。豚鼠多采用前肢皮下静脉注射。

2.腹腔注射:常用于猫和鼠类,亦用于犬、兔、鸽和蛙等的麻醉。腹腔注射时主要需避免腹腔内脏和血管的损伤。大鼠和小鼠腹腔注射时,应采用头低足高位,使内脏移向上腹,注射部位在左下腹或右下腹;家兔腹腔注射的进针部位为下腹部腹白线旁开1cm左右。刺入腹腔后要回抽,无肠液、尿液和血液后方可缓慢推入麻醉剂。

3.肌肉注射:常用于鸟类麻醉。一般选择肌肉发达、无大血管经过的部位,可选择胸肌和腓肠肌。

4.皮下注射:一般用于局部麻醉。将动物局部的皮肤提起,注射针头以15°角刺入皮下,缓慢注入麻醉剂即可。注射结束后应轻按针孔局部片刻,防止药液流出。大鼠和小鼠的注射部位在背部,豚鼠在大腿的内侧、背部和肩部,猫、犬在大腿外侧。

5.皮下淋巴囊注射:蛙类因其皮下有数个淋巴囊,注入药物容易吸收,故采用淋巴囊注射。给药的主要途径是腹部淋巴囊给药和头背淋巴囊给药,一般多选择腹部淋巴囊给药。

(四)动物麻醉的注意事项

影响动物麻醉剂量的因素主要有动物品种、年龄和体重。麻醉的注意事项:①麻醉前宜禁食8～12h。②麻醉剂的用量除参照一般标准外,还应考虑个体差异,在注射过程中,随时观察动物的反应。静脉注射一定要缓慢,同时观察动物的角膜反射、肌张力和对皮肤夹捏反应;若出现麻醉异常,应及时减慢速度或停止注射。③动物在麻醉期间应采取保温措施,比如使用有加热功能的实验台、手术局部光照等。④要控制好麻醉的深度。麻醉深度的控制是顺利完成实验的保证。麻醉过浅,动物在实验中的挣扎和疼痛刺激等均会引起呼吸、循环、消化功能等发生改变,使实验结果出现偏差;麻醉过深,动物处于深度抑制状态,各种生理功能的正常反应也会受到抑制,影响实验结果的准确性。

(五)麻醉指标及麻醉异常的处理

不同的动物,在采用不同的麻醉药物和麻醉方法后,进入麻醉状态的速度和方式不同,如静脉麻醉比腹腔麻醉快,有些药物会使动物经过一段兴奋期后才进入麻醉状态等。常见的麻醉表现有:①皮肤夹捏反应消失;②头颈及四肢肌肉松弛;③呼吸深慢而平稳;④角膜反射消失及瞳孔缩小。一旦发现这些活动明显减弱或消失,则应立即减慢给药速度或停止给药。

如动物出现挣扎、呼吸急促、血压不稳定等表现时,需要补充麻药,常用总麻醉剂量的1/5左右;如动物呼吸慢而不规则,或呼吸停止、血压下降、心跳微弱或停止时,则应停止给药,立即抢救。抢救的方法有:①实施人工呼吸或吸氧;②人工胸外按压心脏;③静脉注射温热的50%葡萄糖注射液;④心跳停止时,用0.01%肾上腺素静脉注射,必要时直接心内注射;⑤呼吸停止,采取人工呼吸无效时,可注射苏醒剂,如咖啡因1mg/kg、尼可刹米2~5mg/kg或山梗菜碱0.3~1mg/kg等。

三、实验动物的捉拿与固定

(一)常用动物的捕捉方法

1.蛙及蟾蜍:取蛙或蟾蜍,用一只手的无名指与中指夹其前肢,使蛙爬在手掌中,用大拇指握住蛙尾体部的脊柱部分,食指轻压蛙鼻尖,固定蛙的头部和躯干部。这种方法常用来破坏蛙或蟾蜍的脑和脊髓,也可用来进行背部皮下淋巴囊注射。

2.鼠类。

(1)小鼠性情温顺,一般不会咬人。在抓取时用右手提尾巴,让小鼠爬行于鼠笼或实验台上,稍提起使其两后肢悬空,用左手拇指和食指捏住其双耳和颈后部皮肤,翻转后让小鼠身体置于左手心中,右手将鼠尾递到左手,用左手无名指和小拇指夹住鼠尾和后肢即可(图1-3-1)。

(2)大鼠较凶猛,操作者应先戴好棉手套,也可用布盖于大鼠身上,按上法捕捉。在操作中应缓慢靠近大鼠,动作不宜过大、过猛,防止被其咬伤。对大鼠进行解剖、手术、心脏采血、尾静脉注射时,可用大鼠固定板、尾静脉注射架等装置进行固定。对大鼠进行解剖取材或手术操作时,应先实施麻醉。

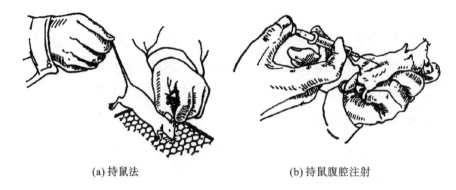

(a) 持鼠法   (b) 持鼠腹腔注射

图 1 - 3 - 1   小鼠的捕捉和腹腔注射方法

3.豚鼠:性情温顺。操作者用左手抓住其头部、颈部及背部皮肤,拿起即可。抓取豚鼠需讲究稳、准、柔、快,不可过分用力抓捏豚鼠的腰腹部,否则容易造成肝破裂、脾淤血而引起死亡。

4.兔:实验用家兔多数饲养在笼内,因此抓取比较方便,一般用一手抓住其颈背部皮肤稍提起,另一手托住其臀部,让兔呈坐位姿势将其捕捉,这样可以避免抓取过程中的损伤。不要抓住家兔双耳直接将其提起来,因家兔挣扎容易造成落地摔伤或兔耳神经根的损伤。

5.猫:易被激怒,简便的捕捉方法为将猫诱入一已称重的尼龙口袋,扎紧袋口,连同口袋一起称重,然后减去口袋的重量,按体重隔着口袋进行腹腔注射麻醉。

6.犬:易被激怒,可在实验前与动物熟悉,使其配合实验,也可按下法捕捉。

(1)上犬钳:两手分别握住钳两柄,打开钳夹住犬颈,使犬头固定,使犬不能伤人。

(2)捆绑犬嘴:用一根粗绳在犬嘴绕一周,将上、下颌骨拉紧让犬嘴闭合。打一双环扣,在下颌成结后绕到双耳后,在颈部打结以防滑脱(图 1 - 3 - 2)。捆犬嘴常用于静脉采血,而麻醉时,如果采用犬钳能制服犬,则可不用捆犬嘴。

(3)绑四肢:用较粗绳子将四肢捆绑即可,常用于静脉采血。

(二)常用动物的固定方法

图 1 - 3 - 2   捆绑犬嘴的步骤

不同动物的固定方法不同,同一种动物不同的实验项目,其固定方法也不同。如腹部、胸部实验常用仰卧位,而头部实验则要采取俯卧位。同样是头部实验,脑电测量只要头部固定不动即可,而脑核团记录,则要求头必须处于一特定水平位置,以便确定向深部核团插入电极的角度。

1.犬的固定方法:具体如下。

(1)固定头:用犬头夹,先将犬舌头拉出,将犬嘴套入犬头夹的铁圈内,横铁条嵌入犬嘴内,然后旋转圈顶的下压杆使弧形铁扣下压到犬的鼻子上,仰卧位或俯卧位均可。

(2)固定四肢:先将粗棉绳做套扣结,缚扎于踝关节上部,另一端固定于手术台上。

2.猫的固定方法:猫常用来做神经系统的实验,以俯卧位固定为主。头部实验时,左手握住猫的上、下颌骨,右手持耳棒插入其耳道内,使耳棒尽量插入到颅骨外耳道孔内,固定耳棒。对侧耳朵按同样方法固定。调节耳棒上的刻度使之对称,以确保猫头被固定于正中位置。将口腔固定器塞入猫口腔,用眼眶固定杆分别压到两眼下眶,然后调整口腔固定器和眼眶固定杆,并拧紧固定螺丝。猫躯体自然爬卧在手术台上。如猫头仰卧位固定,则用绳将猫的上犬齿固定于手术台柱上,再固定四肢。

3.兔的固定方法:一般家兔的固定可分为盒式固定和台式固定。学生实验中用的兔头固定盒就是一种盒式固定,适用于兔耳部的采血和经耳缘静脉注射。在血压测量和呼吸实验中,需将兔麻醉后仰卧于兔台上,用棉绳打活节绑住四肢,并拉直四肢固定在固定架四周,另一根棉绳绕过兔门齿固定在前端铁柱上,让颈部绷直便于手术操作。背位固定:用棉绳拉住兔的上门齿固定于手术台柱上。也可用兔头架,先将兔颈嵌入半圆形铁圈,再将兔嘴套入可调铁环内,拧紧固定螺丝,再将长柄固定于手术台的固定柱上。俯卧位固定:让兔自然爬卧在手术台稍加固定即可。如果需行头颅实验时,固定方法与猫头固定的方法相似(图1-3-3)。

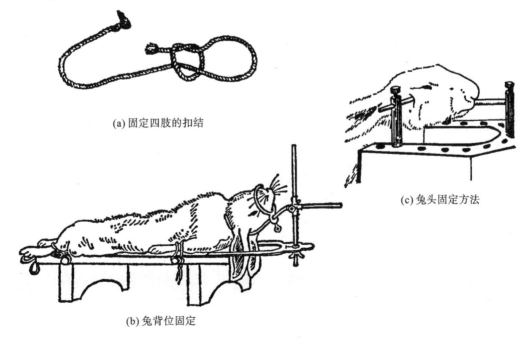

(a)固定四肢的扣结

(c)兔头固定方法

(b)兔背位固定

图1-3-3　兔的固定法

4. 鼠的固定方法:分仰卧位固定和俯卧位固定。

(1)仰卧位固定:用棉绳拉住鼠的上门齿,将其拴到手术台上,四肢分别用绳固定。

(2)俯卧位固定:用定位仪固定头部即可。

四、实验动物的给药方法

(一)经消化道给药

经消化道给药多采用灌胃法。若药物为固体剂型,可直接把药物放入动物口中,令其咀嚼后咽下,或将药物混入饲料或饮用水中,让其服下。下面以大鼠为例,介绍灌胃法的操作:提起鼠尾,将大鼠放在粗糙面上,一手的拇指和中指分别放在大鼠的腋下,固定身体,食指放于颈部,固定鼠头,抓握大鼠背部使其头颈部伸直,腹部向上。另一手持灌胃针管,将灌胃管放在门齿和白齿之间的裂隙,慢慢让灌胃管到达鼠的咽喉部,此时大鼠若有吞咽动作,顺势将灌胃管送入食管。若大鼠不吞咽,轻轻转动灌胃管刺激其做吞咽动作。灌胃过程中,注意观察大鼠的呼吸,如果灌胃管进入食管后大鼠安静无呼吸异常,可将药物注入;如遇到阻力或动物憋气应迅速抽出重插,不能强插以免刺破食管或误入气管致动物死亡。在抓握动物时不能太紧,以免颈部皮肤后拉勒住食管影响灌胃管的插入。

(二)注射给药

1. 淋巴囊内注射法:常用于蟾蜍,注入药物易于吸收。方法为左手取动物,右手持注射器以 15°角斜挑刺入尾骨两侧皮下淋巴囊,缓慢推入,量宜小于 0.5mL。因动物皮薄、弹性差,拔针后应用棉球按压针孔片刻。

2. 皮下注射法:常用于鼠类、兔、猫、犬等。鼠类注射法为左手提起其头部皮肤,右手握注射器,以约 15°角刺入皮下,缓缓注入药液,拔针后轻压针孔。小鼠药液注入量应小于 0.4mL。大鼠、豚鼠要用大号针头。鼠类亦可从背部皮下注射,但需两人合作完成。兔、犬、猫常在背部或大腿内侧等皮下脂肪少的部位进行皮下注射,禽类常选翼下注射。

3. 肌肉注射法:鼠类常选后肢外侧肌肉,兔、犬、猫多选臀部肌肉,鸟类选胸肌和腓肠肌。方法为左手固定动物,右手持注射器,垂直刺入肌肉,缓慢注射,注射完毕用手轻轻按摩注射部位,以利药物吸收。

4. 腹腔注射法:除蛙类外,几乎所于动物都可使用此法给药。

(1)猫:可麻醉后进行腹腔注射。方法为在腹壁中央稍外侧将注射器刺入腹腔,回抽无血液或腹腔内容物,则注入药液。

(2)鼠类:按小鼠捕捉法将鼠固定于左手,然后将鼠翻转使其腹部向上,右手持注射器,与腹部呈约 45°角从下腹部腹白线稍外侧刺入腹腔,回抽无血液,即可缓慢注入药物。

5. 静脉注射法:因动物不同而不同。

(1)鼠类:常选用尾静脉。先将鼠固定于特制的鼠筒内或倒置的玻璃罩下,使鼠尾外露,用75%乙醇擦之使血管扩张。左手拉住尾端,右手持注射器(4~4.5号针头),以约15°角刺入扩张最明显的血管内,轻推药液,阻力不大,血管变色,说明已注入静脉内;如果阻力大,局部变白,应重新刺入。注射部位先从远端开始,以便失败后逐步上移注射部位。

(2)豚鼠:常选用后掌外侧静脉。操作时一人捉豚鼠,露出一侧后肢,另一人将其去毛消毒后,用4~5号注射针头以约15°角刺入静脉,轻轻推药。豚鼠的静脉壁很脆弱,操作时需小心。

(3)犬:常选用前肢内侧的皮下静脉和后肢外侧的小隐静脉。将犬剪毛消毒,在血管近心端先扎一条绷带,使血管充盈,左手握肢体,拇指向远端轻轻绷紧皮肤,右手持注射器,顺血管方向向心方向刺入皮下,沿血管外平行进针约0.5cm后,再刺入血管,有回血后即表明进入血管,放松近心端绷带,缓慢注入药物(图1-3-4)。

图1-3-4 犬前肢皮下头静脉注射法和采血法

(4)兔:常选用耳缘静脉。先拔毛,左手食指和中指夹住耳缘静脉近心端,使血管充盈;拇指和无名指固定耳朵,并与食指、中指绷紧注射部位,右手持注射器,顺血管方向刺入静脉0.5~1cm,左手固定针头,右手缓慢注射。如阻力大或局部肿胀苍白,说明针头在血管外,应重新注射。应从血管远心端开始,以便逐次向近心端重复注射(图1-3-5)。

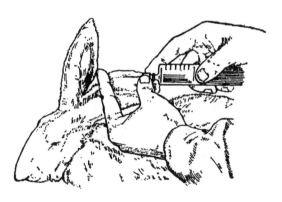

图1-3-5 兔耳缘静脉注射

五、实验动物的采血与处死

（一）常用的采血方法

1. 剪尾采血：常用于小鼠和大鼠的少量采血时。固定动物并露出鼠尾，将尾部浸于45℃的温水中数分钟（也可用二甲苯棉球擦拭或用灯光照射片刻），使尾部血管扩张，擦干后，用手术剪剪去尾尖0.3~0.6cm，让血液滴入盛器或直接用吸管吸取。

2. 眼底球后静脉丛采血：常用于小鼠和大鼠，当需要中等量的血液而又须避免动物死亡时。用左手持小鼠，拇指及中指抓住颈部皮肤，食指按于眼后，使眼球轻度突出，眼底球后静脉丛淤血。右手持一段内径约0.6mm的毛细玻璃管（或配有磨钝的7号针头的1mL注射器），沿内眼眶后壁向喉头方向刺入，小鼠的刺入深度为2~3mm，大鼠为4~5mm。当毛细玻璃管刺破静脉时，则血沿毛细玻璃管上升，吸够血量后拔出。立即用吸管准确地从毛细玻璃管中吸取所需血量。若手法恰当，20~25g的小鼠可采血0.2~0.3mL，200~300g的大鼠可采血0.5~1.0mL。

3. 摘眼球取血：方法同上，右手持眼科镊将眼球摘除，血液从眼底球后静脉丛涌出，用吸管吸取血液。

4. 断头取血：常用于对小鼠和大鼠进行较大量取血，且不需要保留动物生命时。操作时一手捏住动物的颈背部皮肤，使其头略向下倾，另一手用剪刀剪断鼠颈，让血液滴入盛器。小鼠可采血0.8~1.0mL，大鼠可采血5~8mL。

5. 耳静脉取血：常用于家兔。将家兔放在固定箱内，拔毛或用二甲苯棉球擦拭耳廓，使耳部血管扩张，用粗针头刺破耳缘静脉，或用刀片在血管上做切口（方向可与血管平行或垂直），血液自然流出。采血完毕，用干棉球压迫止血。

6. 心脏取血：常需两人合作完成。一人将动物背位固定，另一人持配7号针头的10mL注射器，于胸壁心跳最明显处，将针头刺入心脏，直至取够血量，迅速拔出针头。

7. 后肢小隐静脉取血：常用于犬，需两人合作完成。一人压迫静脉上端，使静脉充血，另一人持配有7号或8号针头的注射器，穿刺取血，取完后以干棉球压迫止血。前肢皮下头静脉取血，常用于犬，该血管在脚爪上方背侧的正前位，操作步骤同上法。

（二）实验动物的处死

实验结束后，在不影响动物实验结果的前提下，可对实验动物进行处死。处死的方法很多，可根据动物实验目的、实验动物品系以及需要采集标本的部位等因素，选择不同的处死方法。不论采取哪种方法，实验动物的处死必须遵循实验动物的伦理要求，按照人道主义原则，使动物在短时间内无痛苦地死亡。处死实验动物需要注意以下几点：一是要保证实验人员的安全;二是确认实验动物已经死亡;三是妥善处理好动物尸体。动物尸体需用塑料袋密封后再放入专门冰箱或冷柜,最后集中焚烧处理。不得擅自抛弃或和生活垃圾、医疗垃圾混放,避免污染。以下是几种主要的处死方法。

1.颈椎脱臼法:使动物的颈椎脱臼,使脊髓与上位中枢离断而使动物死亡,最常用于小鼠和大鼠的处死。操作时一手用食指和拇指按压住鼠头和颈部,另一手捏住鼠尾根部,用力向后上方牵拉,造成颈椎离断,动物死亡。

2.过量麻醉法:使用大剂量麻醉药物快速静脉推注的方法导致动物死亡。

3.大量放血法:对于大鼠,可采用摘除眼球、断头、切开股动脉等方式使其失血而死。对于家兔,可在将其麻醉后,经颈总动脉放血,轻挤胸部,使其大量失血而死。大动物(如猴等)可采用过量麻醉 + 放血处死法。

4.CO_2吸入处死法:CO_2的大量吸入可导致动物死亡,故为实验动物常用的吸入性安乐死的方法。将动物放入安乐箱或可密闭的塑料袋中,再充入100%的CO_2,观察动物不再活动、没有呼吸心跳后再放入专门冰柜。此方法容易操作,效果迅速确切,满足动物福利法,已被广泛应用于小型实验动物上,如大鼠、小鼠、家兔、小型犬等。

5.空气栓塞法:多用于大动物的处死。注射器抽取空气后快速注入静脉或心脏,使动物发生血管的空气栓塞而死亡。家兔一般选用耳缘静脉注射,注射量为 10 ~ 20mL。但此方法可导致动物痉挛、挣扎和哀叫,故若选用此法需在深度麻醉的基础上进行。

6.其他方法:蟾蜍和青蛙可断头处死,或用探针经枕骨大孔破坏脑和脊髓处死。其他动物可选用电击法处死。

六、动物实验的基本操作技能

(一)备皮

1.去毛:有剪毛法、拔毛法、剃毛法和脱毛法。

(1)剪毛法:常用于家兔、犬的急性实验。一般用弯剪刀贴皮肤依次将手术范围内的毛剪去。在此操作中勿用手提起毛剪之,以免剪破皮肤。剪下的毛应放在盛有水的小碗里。

(2)拔毛法:适用于大鼠、小鼠和家兔耳缘静脉,以及大动物的后肢皮下静脉等部位血管暴露处。此方法可用于动、静脉穿刺或注射、采血等。

(3)剃毛法:多用于大动物的慢性实验手术前准备。先用弯剪剪去被毛,再用剃刀逆着被毛生长方向剃去残留被毛。

(4)脱毛法:用于无菌手术野备皮。小动物脱毛剂配方:硫化钠8g、淀粉7g、糖4g、甘油 5g、硼酸 1g、水 75g,调成稀糊状。用法:先将手术野的毛剪短,后用棉球涂一薄层脱毛剂,2~3min 后用温水洗净,擦干,涂一薄层油脂。鼠类可不用剪毛,直接涂脱毛剂。犬等大动物的脱毛剂配方:硫化碱 10g、生石灰 15g,加水至 100mL 拌匀。用法:术者戴耐酸手套,用纱布涂之,使犬毛浸透,等 2~3min 后洗净擦干,涂一薄层油脂。注意切不可在脱毛前用水弄湿脱毛部位,以免脱毛剂渗入毛根,造成炎症。

2. 消毒:常用于慢性实验,一般用 3.5% 碘酊和 75% 乙醇常规法消毒。

(二)切开与分离

1. 切开:进行皮肤切开时,先用左手拇指和食指绷紧皮肤,右手持手术刀与皮肤垂直而下,切开皮肤和皮下组织,切口大小以便于手术操作为宜;皮下组织的分离应逐层进行,避免损伤神经、血管或其他脏器。

2. 分离:可分为钝性和锐性分离两种。钝性分离出血量少,组织损伤较大,但可避免损伤神经和血管等,常用于分离肌肉包膜、脏器和深筋膜等。锐性分离即用组织剪或手术刀剪开或切开组织,损伤较小,但要在直视下进行,力求准确,勿伤及组织。

(1)颈动脉分离术:分别在颈部左侧和右侧用止血钳拉开气管旁肌肉组织,在胸锁乳突肌与胸舌骨肌之间,可看到与气管平行的颈总动脉,它与迷走神经、交感神经、减压神经伴行于动脉鞘内(注意颈动脉有甲状腺动脉分支)。用玻璃分针小心拨开颈动脉鞘,并分离出颈总动脉,长度约 3cm,在其下面穿两条线,一条线在近心端动脉干上打一虚结,供固定动脉插管用,另一条线准备在头端结扎颈总动脉。

[附]颈动脉窦分离术:在分离出两侧颈动脉的基础上,继续谨慎地沿两侧颈动脉向上方深处剥离,直至剥离到颈总动脉分叉之膨大部分,此为颈动脉窦处。剥离时勿损伤附近的血管和神经。

(2)迷走神经、交感神经、减压神经分离术:具体如下。按上法找到颈动脉鞘,先看清三条神经走行后用玻璃分针小心分开颈动脉鞘,切勿弄破动脉分支。辨认三条神经:迷走神经最粗,交感神经次之,减压神经最细且常与交感神经紧贴在一起(一般先分离减压神经)。每条神经分离出 2~3cm,并各引不同色的盐水润湿的丝线以便区分(图1-3-6)。

(3)颈外静脉分离术:颈部去毛,从颈部甲状软骨以下沿正中线做 4~5cm 长的皮肤切口,夹起一侧切口皮肤,右手指从颈后将皮肤向切口部位顶起,在胸锁乳突肌外缘,即可见到颈外静脉。用玻璃分针分离出 2~3cm,穿线备用。颈外静脉常用于静脉压的测定。

(4)股动脉、股静脉分离术:先麻醉固定动物,在股三角区去毛,股三角上界为韧带,外侧为内收长肌,中部为缝匠肌。之后沿血管走行方向切一个长 4~5cm 的切口。可以用止血钳钝性分离肌肉和深筋膜,暴露神经、动脉、静脉(神经在外,动脉居中,静脉在

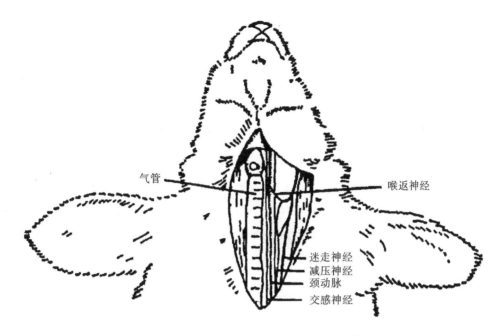

气管　　　　　　　　　　　　　　　　喉返神经

迷走神经
减压神经
颈动脉
交感神经

图1－3－6　兔颈动脉、迷走神经、交感神经、减压神经示意图

内)。最后分离股静脉或股动脉,在下方穿线备用。用温盐水纱布覆盖手术野。

(5)内脏大神经分离术:主要用于以下操作。

1)兔内脏大神经分离术:将兔麻醉固定,沿腹部正中线做6~10cm切口,并逐层切开腹壁肌肉和腹膜;用温盐水纱布推腹腔脏器于一侧,暴露肾上腺,细心分离肾上腺周围脂肪组织;沿肾上腺斜外上方向,即可见一根乳白色神经(图1－3－7),上方通向肾上腺,并在通向肾上腺前形成两根分支,分支交叉处略膨大,此即为副肾神经节。分离清楚后,在神经下引线(不结扎)备用。

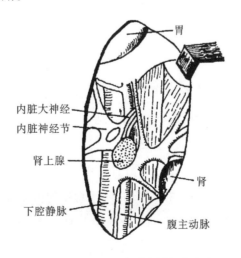

胃

内脏大神经
内脏神经节

肾上腺

肾

下腔静脉

腹主动脉

图1－3－7　家兔内脏大神经分离术

2)犬内脏大神经分离术:方法同上,暴露肾上腺,分离左侧内脏大神经时,向上方寻找内脏神经节和内脏神经主干,用玻璃分针剥离盖在内脏大神经上的腹膜壁层,即可分离出内脏大神经。手术中动物要充分麻醉,防止反射性呼吸、心跳停止。

(三)插管技术

1.气管插管术:是哺乳类动物急性实验中常用的手术,可保证呼吸通畅。在开胸实验时,气管插管可接人工呼吸机,气管插管也利于乙醚麻醉。

(1)背位固定动物,颈前区去毛,自甲状软骨下缘,沿下正中线做一长5～7cm的皮肤切口,逐层分离皮下组织和肌层,暴露气管。分离气管两侧以及与食管之间的结缔组织游离气管,并在气管下方(食管上方)穿粗线备用。

(2)在甲状腺下0.5cm处横向切开气管前壁,再向头端做纵向切口,使切口呈倒"T"形("⊥")。注意切口不宜大于气管直径的一半。若气管内有凝血块或分泌物,先用棉签擦拭干净。

(3)一只手提线,另一只手把"Y"形插管由切口处向胸腔方向插入气管腔内,用结扎线扎牢并绕插管分叉处一圈打结,以防滑脱(图1-3-8)。

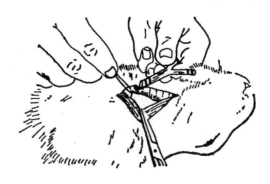

图1-3-8 兔气管插管术

2.颈总动脉插管术。

(1)在动脉插管管道系统内充满含有肝素的生理盐水,并排出气泡。检查管道系统有无破裂,动脉套管尖端是否光滑,口径是否合适。

(2)分离出一侧颈总动脉,长度约5cm,在颈总动脉下穿两根丝线,一根丝线用于结扎颈总动脉远心端,另一根丝线在近心端留置备用。用动脉夹夹住颈总动脉近心端,在靠近远心端附近的动脉管壁上剪一"V"形切口(注意切勿剪断颈总动脉),将充满肝素的留置软管向心脏方向插入动脉,长度为1～2cm,并保持插管与动脉平行以防刺破动脉壁。用原先留置的丝线扎紧动脉插管和动脉,以防脱落。

3.静脉插管术:插管部位,兔在颈外静脉,猫、犬常在股静脉。在已分离好的静脉上,用线结扎远心端,在近心端做一"V"形切口,将静脉套管向心性插入血管,结扎即可。

4.其他插管技术:常因实验目的不同,需进行特殊插管术。如观察尿量需要膀胱插管或输尿管插管;观察某些药物对蛙心的影响时需要蛙心插管;观察迷走神经和某些药物对胰液、胆汁分泌的影响时需在胰腺管或胆总管插管等。其插管方法与上述方法基本相似。

七、实验动物用药量的换算

以实验动物作为研究对象进行药理、毒理或药效学实验时,动物的用药量成为实验的重要内容之一,涉及实验动物与人用药量换算的问题。一般说来,动物的耐受性要比人大,也就是单位体重的用药量动物比人要大。人的各种药物的用量在很多书上可以查到,但动物用药量较难在书中查到,而且动物用的药物种类远不如人用的那么多。因此,必须将人的用药量换算成动物的用药量。一般可按下列比例换算:人用药量为1,小鼠、大鼠为25~50,兔、豚鼠为15~20,犬、猫为5~10。对于同种动物的不同个体之间,可用mg/kg 或 g/kg 等形式来计算药物剂量。不同种类动物之间,用这种方法则常常会发生严重偏小或过大。不同种类动物之间剂量的换算,通常采用体表面积计算剂量的方法,即mg/m^2。

(一)人和动物的体表面积计算法

1.人体表面积计算法:计算我国人的体表面积,一般认为许文生氏公式(参见《中国生理学杂志》1937 年第 12 期 327 页)较适用,即:

体表面积(m^2) = 0.0061 × 身高(cm) + 0.0128 × 体重(kg) − 0.1529

2.动物的体表面积计算法:有许多种,在需要由体重推算体表面积时,一般认为 Meeh – Rubner 氏公式较适用,即:

$$A = K \times \frac{W^{\frac{2}{3}}}{10000}$$

式中的 A 为体表面积(以 m^2 计算),W 为体重(以 g 计算),K 为一常数,随动物种类而不同:小鼠和大鼠为 9.1,豚鼠为 9.8,家兔为 10.1,猫为 9.9,犬为 11.2,猴为 11.8,人为 10.6(上列 K 值,不同文献报道略有出入)。应当注意的是,这样计算出来的体表面积只是一种粗略的估计值,不一定与每个动物的实际值完全符合。

(二)人和实验动物之间的剂量换算

我们在实验中估算药物的剂量时,参考途径多为两种,一种是根据文献报道,参考他人使用的剂量,有时可以直接使用。但如果实验种属不同,或仅有临床用量,则需要进行换算。另一种方法就是根据文献报道这种药物的急性毒性数据来进行估算,以期采用合适的剂量,一般参考数据是 LD_{50}(半数致死量)。设计药效学给药剂量时多参考 LD_{50},药效学给药剂量必须小于 LD_{50},这样做出来的药效实验结果才有意义。至于药效实验给药剂量是多少,通常在药效预试时可按 LD_{50} 的 1/5、1/10、1/20 给药。应注意的是,同种动物因给药途径的不同,药物剂量也不同。

1. 体表面积折算系数法:是目前多数人在科研工作中采用的剂量换算方法,参考的是徐叔云教授主编的《药理实验方法学》(表 1-3-2)。

表 1-3-2 人和动物间按体表面积折算的等效量比值表

	小鼠 (20g)	大鼠 (200g)	豚鼠 (400g)	家兔 (1.5kg)	猫 (2.0kg)	猴 (4.0kg)	犬 (12 kg)	人 (70kg)
小鼠(20g)	1.0	7.0	12.25	27.8	29.7	64.1	124.2	387.9
大鼠(200g)	0.14	1.0	1.74	3.9	4.2	9.2	17.8	56.0
豚鼠(400g)	0.08	0.57	1.0	2.25	2.4	5.2	4.2	31.5
家兔(1.5kg)	0.04	0.25	0.44	1.0	1.08	2.4	4.5	14.2
猫(2.0kg)	0.03	0.23	0.41	0.92	1.0	2.2	4.1	13.0
猴(4.0kg)	0.016	0.11	0.19	0.42	0.45	1.0	1.9	6.1
犬(12kg)	0.008	0.06	0.10	0.22	0.23	0.52	1.0	3.1
人(70kg)	0.0026	0.018	0.031	0.07	0.078	0.16	0.32	1.0

举例说明如下。

设人的临床剂量为 $X\text{mg/kg}$,换算为小鼠的剂量为:

小鼠的剂量 $= X\text{mg/kg} \times 70\text{kg} \times 0.0026/20\text{g} = X\text{mg/kg} \times 70\text{kg} \times 0.0026/0.02\text{kg}$
$\qquad\qquad = 9.1\ X\text{mg/kg}$

以此类推可算出其他动物的剂量。

大鼠的剂量 $= X\text{mg/kg} \times 70\text{kg} \times 0.018/200\text{g} = X\text{mg/kg} \times 70\text{kg} \times 0.018/0.2\text{kg}$
$\qquad\qquad = 6.3\ X\text{mg/kg}$

豚鼠的剂量 $= X\text{mg/kg} \times 70\text{kg} \times 0.031/0.4\text{kg} = 5.42\ X\text{mg/kg}$

兔的剂量 $= X\text{mg/kg} \times 70\text{kg} \times 0.07/0.5\text{kg} = 3.27\ X\text{mg/kg}$

犬的剂量 $= X\text{mg/kg} \times 70\text{kg} \times 0.32/12\text{kg} = 1.87\ X\text{mg/kg}$

猫的剂量 $= X\text{mg/kg} \times 70\text{kg} \times 0.87/2.0\text{kg} = 2.73\ X\text{mg/kg}$

猴的剂量 $= X\text{mg/kg} \times 70\text{kg} \times 0.06/4.0\text{kg} = 1.05\ X\text{mg/kg}$

以上例子简单说来就是按单位体重的剂量来算,小鼠、大鼠、豚鼠、兔、犬、猫和猴的等效剂量分别相当于人的 9.1 倍、6.3 倍、5.42 倍、3.27 倍、1.87 倍、2.73 倍和 1.05 倍。

2.体表面积计算法:换算公式如下。

A 动物的体表面积/B 动物的体表面积 = A 动物的给药剂量/B 动物的给药剂量

例如,70kg 的人平均体表面积是 1.73m²,200g 大鼠的体表面积约 0.0306m²,则大鼠/人 = 0.0306/1.73 = 0.0177 ≈ 0.018(折算系统数值就按此方法计算得出的结果)

200g 大鼠的给药剂量 = 70kg × X × 0.018/200g = 6.3 Xmg/kg

从上面的计算可以看出,应用体表面积计算法算出的数据更加准确,但从方便程度上看,体表面积折算系数法更加方便。实际上折算系数法也是按照体表面积计算而来的,但折算系数规定了动物的质量,当动物的质量发生变化时,折算系数法得到数值与体表面积法得到的数值就有一定的误差。

3.体重剂量折算系数法:已知 A 种动物每千克体重用药剂量,欲估算 B 种动物每千克体重用药剂量时,可先查表 1-3-3,找出折算系数(W),再按下列公式计算。

B 种动物的剂量(mg/kg) = W × A 种动物的剂量(mg/kg)

表 1-3-3　动物与人体的每公斤体重剂量折算系数(W)

B 种动物或成人	A 种动物或成人						
	小鼠(20g)	大鼠(200g)	豚鼠(400g)	兔(1.5kg)	猫(2kg)	犬(12kg)	成人(60kg)
小鼠(20g)	1.0	1.6	1.6	2.7	3.2	4.8	9.01
大鼠(200g)	0.7	1.0	1.14	1.88	2.3	3.6	6.25
豚鼠(400g)	0.61	0.87	1.0	1.65	2.05	3.0	5.55
兔(1.5kg)	0.37	0.52	0.6	1.0	1.23	1.76	2.30
猫(2kg)	0.30	0.42	0.48	0.81	1.0	1.44	2.70
犬(12kg)	0.21	0.28	0.34	0.56	0.68	1.0	1.88
成人(60kg)	0.11	0.16	0.18	0.304	0.371	0.531	1.0

例如,已知某药对小鼠的最大耐受量为 20mg/kg(20g 小鼠用 0.4mg),需折算为家兔耐受量。查 A 种动物为小鼠,B 种动物为兔,交叉点为折算系数 W = 0.37,故家兔用药剂量为 0.37 × 20mg/kg = 7.4mg/kg,1.5kg 家兔用药剂量为 11.1mg。

八、实验动物的饲养

(一)实验动物的环境控制

实验动物需要在人工的环境中生长、繁殖和进行实验干预。实验动物生存的周围环境可影响到动物的生理生化水平,从而影响到实验数据的真实性和准确性。实验动物只有在舒适稳定的环境中生长发育、繁殖,才能更好地反映实验效果。实验动物的环境控制是实验动物标准化的主要内容之一。严格控制实验动物环境可保证实验动物的健康和质量的标准化。另外,合乎标准的环境,可为实验动物和动物实验工作者提供适宜的条件,并保障实验者身体健康,不受危害因素的伤害。

1. 实验动物环境设施的分类:包括以下几种。

(1)按设施功能分类:包括实验动物的繁育、生产设施,动物实验设施,以及特殊动物的实验设施等。

(2)按微生物控制程度分类:包括普通环境、屏障环境和隔离环境。

1)普通环境:即开放环境,可饲养基础动物,满足实验动物饲养的基本环境要求,但不能完全控制感染因子。该环境与外界相通,有通风设备,垫料要消毒,饲料和饮水符合人的卫生标准;适用于饲养教学用途的普通级别动物。

2)屏障环境:用于饲养 SPF 级实验动物。动物来源于无菌动物、悉生动物和 SPF 动物种群。该环境是密闭的,通风系统要经过屏蔽装置与外界相通;严格控制人员、物品和动物的进出;垫料和饲料要消毒。

3)隔离环境:用于饲养无菌动物,采用无菌隔离器以保证无菌或无外来污染。隔离器内的一切(包括空气、饲料、水、垫料和设备)均为无菌。动物为无菌动物或其剖宫产后代。人不能直接接触动物,所有操作通过附着于隔离器上的橡胶手套进行。

(3)按设施的平面布局分类:包括单走廊式、双走廊式和三走廊式。

2. 影响实验动物环境的因素:包括以下几类。

(1)气候因素:包括温度、湿度、气流和风速等。

1)温度。一般认为动物实验室的温度应控制在 18～28℃。国家标准(GB14925—2001)规定应控制在 10～26℃,且日温差不超过 4℃。环境温度可影响动物的繁殖能力、抵抗力、脏器重量以及动物对实验的反应性等。

2)湿度。实验动物的最适宜相对湿度是 40%～70%。湿度偏高时,病原微生物和寄生虫容易滋生和繁殖,垫料、饲料易霉变,从而影响到动物健康。湿度偏低时,室内灰尘易飞扬,动物易患呼吸道疾病,大鼠易患环尾病。

3)气流和风速。实验动物单位体重的体表面积比人单位体重的体表面积大,气流对实验动物的影响也很大。气流速度过小,空气流通不良,易造成呼吸道疾病的传播;气流速度过大,动物体表散热量增加,同样危害动物的健康。合理的气流和风速能调节温度和湿度,有效降低室内粉尘和有害气体,从而控制传染病的发生和传播。

(2)理化因素:包括光照、噪音、粉尘、有害气体、杀虫剂和消毒剂等。这些因素可影响动物各生理系统的功能及生殖机能,需要严格控制,并实施经常性的监测。

1)光照。动物的心跳、呼吸、体温、神经活动、激素释放以及生殖活动等生理现象均有周期性变化。有些表现为昼夜节律,有些为月节律或者季节律。光照是影响动物生理节律的最主要的环境因素。适当的光照对动物的健康有益,但环境中的光照度、光线波长和明暗交替时间均可影响实验动物的生长发育和繁殖。

2)噪音。噪音是影响实验动物的重要的环境因素。噪音过大可引起动物的烦躁不安、紧张、呼吸急促、心率加快、肾上腺皮质激素升高等一系列生理变化,进而影响到实验结果的准确性。

3)空气洁净状况。动物饲养室空气中飘浮的粉尘、有害气体或消毒剂等可影响空气的洁净状况,对动物的呼吸系统、消化系统、皮肤等造成不同程度的伤害,影响动物的健康。因此,饲养清洁级以上的动物时,必须有过滤空气的设备,使进入饲养室的空气达到一定的洁净度。

(3)生物因素:指实验动物饲育环境中,特别是动物个体周边的生物状况。生物因素包括动物的社群状况、饲养密度、空气中微生物的状况等。例如,在实验动物中许多种类都有能自然形成具有一定社会关系群体的特性。对动物进行小群组合时,必须考虑到这些因素。不同种之间或同种的个体之间,都应有间隔或适合的距离。另外,对实验动物设施内空气中的微生物有明确的要求,动物等级越高要求越严格。

(二)实验动物的营养

动物需要的营养物质达数十种,可以概括为七大类,即蛋白质、脂肪、碳水化合物、矿物质、维生素、纤维素和水。这些物质来源于饲料,因此,饲料的优劣直接影响动物的质量和动物实验结果。各种实验动物对以上所提到的营养素的需要量是不同的,除受到遗传因素影响而存在的明显种属差异外,还因性别、年龄、生理状况不同而有所差异。

实验动物的营养需要是指满足动物维持正常生长发育、繁殖所需的各种营养素的需要量。保证动物足够量的营养供给是维持动物健康和提高动物实验结果可靠性的重要因素。实验动物的营养需要包括以下几点。①动物维持的营养需要:维持是指健康动物体重不发生变化,不进行生产,体内各种营养物质处于平衡状态;维持的营养需要是指动物处于维持状态下对能量、蛋白质、矿物质和维生素等营养素的需要,也就是用来维持动物体内的合成代谢和分解代谢的"平衡"状态的需要。②动物生长的营养需要:动物在生长过程中体内的合成代谢大于分解代谢。同一动物在不同生长阶段和生长时期对营养的需要也不同。③动物繁殖的营养需要:动物的繁殖过程包括两性动物的性成熟、受精、妊娠及哺育等许多环节,要求在不同的繁殖过程提供适宜的营养物质以保证和提高动物的繁殖能力。

（三）几种主要实验动物的饲养

1. 小鼠。

（1）营养需要特点。小鼠喜食含糖量高的饲料，碳水化合物的比重可适当加大。泌乳期小鼠喜食含脂类高的饲料，小鼠对维生素 A 和维生素 D 的需要量较高，可增加 0.1% ~1% 的鱼肝油。但由于小鼠对于维生素 A 的过量敏感，尤其是妊娠小鼠会出现繁殖紊乱、胚胎畸形。所以在饲养过程中应予以注意。小鼠饲料中含有 16% 左右的蛋白质即可满足需要。

（2）环境。小鼠对环境的适应性的自体调节能力和疾病抗御能力较其他实验动物差。因此要保持温度 18 ~22℃，湿度 50% ~60%，饲养室内空气新鲜。小鼠所用垫料应有强吸湿性、无毒、无刺激气味、无粉尘、不可食，而且垫料需经消毒灭菌处理。每周更换垫料和清洗鼠笼 1 次或 2 次，室内定期消毒。

（3）饲养。小鼠属于杂食动物，有多餐习性。其胃容量小，随时采食。成年鼠采食量一般为每天 3 ~7g，幼鼠一般为每天 1 ~3g。应每周添料 3 次或 4 次，在鼠笼的料斗内应经常有足够量的新鲜干燥饲料。小鼠的水代谢很快，应保证足量饮水。可用饮水瓶给水，每周换水 2 次或 3 次，要保证饮水的连续不断，应常检查瓶塞，防止瓶塞漏水造成动物溺死或饮水管堵塞使小鼠脱水死亡。为避免微生物污染水瓶，换水时应清洗水瓶和吸水管。

2. 大鼠。

（1）营养需要特点。大鼠对蛋白质的需要量为 15% ~20%（饲料中的含量）。在生长期以后蛋白质需要量锐减，适当减少饲料中蛋白质含量，可延长其寿命。生长期的大鼠易发生脂肪酸缺乏，饲料中必需脂肪酸的量应占热能物质的 1.3%，一般饲料中应当添加脂肪。大鼠对钙、磷的缺乏有较大的抵抗力，但对镁的需要量较高。

（2）环境。适宜的环境温度为 21 ~27℃，相对湿度为 50% ~70%。湿度在 40% 以下时大鼠易发生环尾病。在低温度条件下，小鼠和大鼠中的哺乳雌鼠常发生吃仔现象，此外仔鼠也常出现发育不良。饲养室应保持洁净，门窗、墙壁、地面应该经常清洁，定期消毒。饲养员也应注意个人的消毒。垫料每周更换 2 次或 3 次。光照对大鼠的生殖生理行为影响较大，外界强光能引起白化大鼠视网膜变性和白内障，所以在顶层大鼠笼上应装光线挡板。

（3）饲养。制定规范的饲养管理条例。随时观察大鼠的吃料、饮水量、活动程度、双目是否有神、尾巴颜色等。记录饲养室温度、湿度、通风状况以及大鼠生产笼号、胎次、出生仔数等。大鼠具有随时采食的习惯，饲料的添加原则为"少量多次"，保证其有充足干净的饮用水。一级大鼠的饮用水应符合城市饮水卫生要求,二级大鼠使用 pH2.5~2.8 的酸化水,SPF 大鼠则用高温高压灭菌水。大鼠饲料与水的消耗比例为 1∶2。饲料中需注意补充维生素 K。

3. 豚鼠。

(1)营养需要特点。豚鼠属于粗纤维饲料类型动物,对饲料中粗纤维的含量有较高要求,一般应在 30% 以上,否则可出现严重的脱毛现象。豚鼠不能自身合成维生素 C,对维生素 C 的缺乏特别敏感,维生素 C 缺乏可引起坏血病、生殖功能下降、生长不良、抵抗力降低甚至死亡,所以必须在饲料中补充,一般每只成年豚鼠的维生素 C 的每日需要量为 10mg,繁殖期豚鼠为 30mg。豚鼠对某几种必需氨基酸需要量很高,其中最重要的是精氨酸。用单一蛋白质饲料若不补充其他氨基酸,则饲料中蛋白质含量需高达 35% 才能保证其快速生长。

(2)环境。豚鼠听力好,对外来的震动和声响较敏感,因此饲养时应注意保持安静,噪声控制在 60dB 以下。豚鼠的适宜温度为 18~29℃,相对湿度为 50%~70%。饲养室保持经常换气。豚鼠的活动性强,比其他啮齿类动物对生活空间的需求大,故应采用笼架或大盒进行饲养。墙面、地面、食具以及笼具等应经常清洁消毒。垫料可用干草或稻草,这样一方面可以在豚鼠受惊奔逃时藏身,也可以让豚鼠啃咬补充纤维素。

(3)饲养。采用豚鼠专用的高蛋白质、高纤维的颗粒饲料,辅以少量清洁的青菜。但由于青饲料的微生物状况难以控制,也可以采用维生素合剂代替青饲料。豚鼠对变更食物容易产生不适应或拒食行为,对限量饲喂也不易适应。饲养中应注意维生素 C 的补充,补充的方式可采用喂食含维生素 C 的颗粒料,也可用蒸馏水或去离子水溶解维生素 C 饮用。

4. 家兔。

(1)营养需要特点。家兔是草食动物,应保证饲料中的粗纤维在 12% 以上,不足则易引起消化性腹泻。对于蛋白质,饲料中含有 15% 左右即可满足其需要。在必需氨基酸中,应补充精氨酸和赖氨酸。家兔肠道微生物可以合成维生素 K 和大部分 B 族维生素,并通过食粪行为而被其自身所利用,但对于繁殖期家兔仍需补充维生素 K。

(2)环境。饲养室需通风干燥,有相对稳定的温度和湿度。家兔胆小易惊,受惊后可引起食欲减退、精神紧张不安,安静的环境可促进兔的生长发育。饲养室保持清洁卫生,地面、兔笼、食具应定期清洗消毒。

(3)饲养。家兔易受饲料或环境条件的影响,如细菌、霉变饲料、露水草、高温、惊吓等都可导致家兔生病。应注意其精神、食欲、粪便和尿液状况。饲养采用全价营养颗粒饲料,为补充粗纤维,可补充苜蓿草或新鲜青饲料。投食应定时定量,防止过食或不足。家兔有昼伏夜行的习性,所以在夜间添足饲料和水十分重要。另外,家兔有啃咬习性,饲料应有一定的硬度,以保证其牙齿的正常长度。

5.猫。

(1)营养需要特点。猫对蛋白质的需要量大,尤其是生长期猫对蛋白质数量和质量都要求较高。猫对脂肪需要量较大,特别是初生小猫,要求高脂肪酸日粮,其中亚油酸的水平不能低于1%。猫属于不能利用β-胡萝卜素作为维生素A来源的动物,因此在饲料中应补充维生素A,猫对维生素E的需求量也较高。

(2)环境。实验猫要有一个舒适的饲养环境。猫舍要宽敞,给猫足够的活动空间。通风透光,干燥清洁。室内温度一般为18~29℃,湿度为40%~70%,照明14h。猫有爱清洁的特性,猫窝里的垫料要经常更换和清洗,要随季节变化适当增减铺垫物。食具和水盆要及时清洁。猫有在固定地点大小便的习惯,故还应准备一个便盆,便盆内铺上锯末或猫砂,注意经常清洁。

(3)饲养。猫属于肉食性动物,饲养时应注意饲料的合理搭配。可将颗粒饲料、肉罐头和煮熟的米、面搭配,要补充维生素A、维生素D和维生素B。每天喂食2次或3次。荤料应占30%~40%,不要喂变质、多刺的鱼。每只猫每天给水100~200mL。饲料和饮用水均应保持清洁卫生。

6.犬。

(1)营养需要特点。犬是肉食性动物,必须供给足够的脂肪和蛋白质。饲料中动物性蛋白质要占总摄入蛋白质的30%左右。犬能耐受高水平的脂肪,并要求日粮中有一定水平的不饱和脂肪酸。犬对维生素A需要量较大。尽管其肠道内微生物可合成B族维生素,但仍需要补充。

(2)环境。犬可散养或笼养。犬房要向阳,有运动场,周围要有网墙以及自来水管等清洗设施。犬房和运动场的大小,依使用目的、犬的大小和饲养数量而定。如笼养,笼的长、宽、高为80cm、80cm、100cm,此笼可饲养中型实验犬1只或幼犬2只或3只。要按大小、强弱分群饲养,个别弱的和凶猛的犬需单独饲养。保持环境卫生,冬暖夏凉。

(3)饲养。犬的饲料多样,可用颗粒饲料,也可喂煮熟的米饭、馒头等。应注意各种营养的搭配。喂量以体重而定,以吃饱而不肥胖为度。每日喂食2次或3次。保证干净充足的饮用水。仔犬、授乳繁殖期母犬的日粮中应注意补充钙、磷和鱼肝油。犬有与人为伴和服从命令的特性,在饲养繁殖用犬和慢性实验用犬时,从喂食开始就可进行调教,最好能做到叫得来、牵得走。

（朱慧敏　刘坤东）

生理学实验

实验一 反射弧分析

【实验目的】

通过观察某些反射活动,了解反射弧的组成及其完整性与反射活动的关系。

【实验原理】

在中枢神经系统参与下,机体对刺激发生的适应性反应过程称为反射。反射的结构基础是反射弧。反射弧包括五个环节:感受器、传入神经、神经中枢、传出神经和效应器。反射弧结构和功能的完整是实现反射活动的必要条件。任何环节发生障碍或受到破坏,反射活动将发生紊乱或不能出现。

【实验对象】

蛙或蟾蜍。

【实验器材与药品】

刺蛙针、铁架台、铁夹、培养皿、烧杯、电子刺激器及刺激电极、毛巾、蛙板、滤纸片,2%硫酸溶液等。

【实验方法与步骤】

1. 制备脊蛙:取蛙或蟾蜍,操作者一只手的无名指与中指夹其前肢,使蛙爬在手掌中,用大拇指握住蛙的尾体部的脊柱部分,食指轻压蛙鼻尖,固定蛙的头和躯干;另一手持刺蛙针沿蛙背部的后正中线从鼻部下滑至头和脊柱交界的凹陷处,即枕骨大孔部位,将刺蛙针从枕骨大孔向上刺入颅内,左右搅动破坏脑组织保留脊髓,制成脊蛙(图2-1-1)。需要破坏脊髓时,用刺蛙针在枕骨大孔的凹陷处刺入,向下进入椎管破坏脊髓。脊髓被破坏后,蛙的双下肢肌张力完全消失。

2. 暴露右侧坐骨神经:将脊蛙俯卧固定在蛙板上,从背侧剪开右大腿皮肤,沿坐骨神经沟处纵向分离股二头肌和半膜肌,暴露右坐骨神经,并穿线备用。

3. 用铁夹夹住脊蛙下颌,悬吊在铁架台上(图2-1-2)。

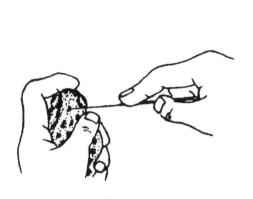

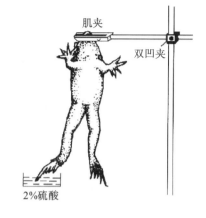

图2-1-1　破坏蛙脑和脊髓　　　　　2-1-2　反射弧分析实验装置

【观察项目】

1.用2%硫酸溶液刺激左趾尖:用培养皿盛2%硫酸溶液少许,将蛙左侧趾尖浸入硫酸溶液中,观察屈腿反射是否发生,然后用烧杯盛自来水洗去皮肤上的硫酸溶液。

2.剥去左足皮肤后重复项目1。

3.用2%硫酸溶液刺激右趾尖:用培养皿盛2%硫酸溶液少许,将蛙右侧趾尖浸入硫酸溶液中,观察屈腿反射是否发生,然后用烧杯盛自来水洗去皮肤上的硫酸溶液。

4.剪断右坐骨神经后重复项目3。

5.用2%硫酸滤纸贴蛙腹部皮肤,观察是否有搔爬反射。

6.用刺蛙针于蛙枕骨大孔处刺入脊髓,破坏蛙脊髓后重复项目5。

7.电刺激右侧坐骨神经外周端,观察蛙腓肠肌收缩情况。

8.电刺激蛙腓肠肌,观察肌肉收缩情况。

【注意事项】

1.电刺激时,刺激方式选连续单刺激,强度不宜过大。

2.硫酸刺激后,需用清水洗净脚趾上的残余硫酸,并用毛巾轻揩干。

【实验讨论与思考】

什么是反射?反射和反应有怎样的关系?

（关　莉）

➤➤ 实验二 坐骨神经干－腓肠肌标本制备与阈强度测定 ◀

【实验目的】

学习基本组织分离技术,掌握制备蛙类坐骨神经－腓肠肌标本的方法,掌握阈强度的测定方法,分析阈强度和兴奋性的关系。

【实验原理】

蛙类的一些基本生命活动和生理功能与恒温动物相似,若将蛙的神经－肌肉标本放在任氏液中,其兴奋性在几个小时内可保持不变。若给神经或肌肉一次适宜的刺激,可在神经和肌肉上产生一个动作电位,肉眼可看到由神经支配的肌肉收缩和舒张一次,表明神经和肌肉产生了一次兴奋。在生理学实验中常利用蛙的坐骨神经－腓肠肌标本研究神经和肌肉的兴奋、刺激与反应的规律和肌肉收缩的特征等,制备坐骨神经－腓肠肌标本是生理学实验的一项基本操作技术。

具有兴奋性的组织能接受刺激发生反应。但刺激要引起组织兴奋,需具备三个条件:一定的刺激强度、一定的作用时间及强度对时间的变化率。在作用时间和强度对时间变化率固定的情况下,能引起组织发生兴奋的最小刺激强度称为该组织的阈强度,它是衡量组织兴奋性大小的常用指标。阈强度小,表示组织兴奋性高;阈强度大,表示组织兴奋性低。不同组织的兴奋性高低各有不同,同一组织在不同情况下其兴奋性也有所不同。

【实验对象】

蛙或蟾蜍。

【实验器材与药品】

普通剪刀、手术剪、眼科镊(或尖头无齿镊)、刺蛙针、玻璃分针、蛙板(或玻璃板)、蛙钉、细线、培养皿、滴管,任氏液等。

【实验方法与步骤】

1. 破坏蛙的脑和脊髓。

2. 剪除躯干上部、皮肤及内脏:用左手捏住蛙的脊柱,右手持粗剪刀在骶髂关节水平面(第4腰椎水平)靠头端1～2cm处剪断脊柱,然后左手握住后肢,紧靠脊柱两侧将腹壁及内脏剪去(注意避开坐骨神经),并剪去肛门周围的皮肤,留下脊柱和后肢(图2－2－1)。

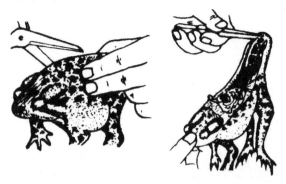

图2－2－1 蛙剪除躯干和内脏图

3. 剥皮:一只手捏住脊柱的断端(注意不要触碰脊柱两侧的神经),另一只手捏住蛙皮肤的边缘,向下剥去后肢全部的皮肤(图2－2－2)。将标本放在干净的任氏液中。将手及使用过的探针、剪刀全部冲洗干净。

4. 分离两腿:用镊子取出标本,左手捏住脊柱断端,使标本背面朝上,右手用粗剪刀剪去突出的骶骨,然后将脊柱腹侧向上,左手的两个手指捏住脊柱断端的横突,另一手指将两后肢担起,形成一个平面。此时用粗剪刀沿正中线将脊柱盆骨分为两半(注意勿伤坐骨神经)。将其中一半后肢标本置于任氏液中备用,另一半放在蛙板上进行以下操作。

图2－2－2 蛙剥去后背及后肢皮肤

5. 辨认蛙后肢的主要肌肉:蛙类的坐骨神经是由第7、第8、第9对脊神经从相对应的椎间孔穿出汇合而成,走行于脊柱的两侧,到尾端(肛门处)绕过耻骨联合,到达后肢背侧,走行于梨状肌下的股二头肌和半膜肌之间的坐骨神经沟内,到达膝关节腘窝处分支进入腓肠肌。

6. 游离坐骨神经和腓肠肌:用蛙钉或左手的两个手指将标本绷直、固定。先在腹腔面用玻璃分针沿脊柱游离坐骨神经,然后在标本的背侧于股二头肌与半膜肌的肌肉缝内将坐骨神经与周边的结缔组织分离直到腘窝,但不要伤及神经,用手术剪剪断其分支。同样用玻璃分针将腓肠肌与其下的结缔组织分离并在其跟腱处穿线、结扎。

7. 剪去其他不用的组织:操作应从脊柱向小腿方向进行。

(1)剪去多余的脊柱和肌肉。将后肢标本腹面向上,将坐骨神经连同2或3节脊椎用粗剪刀从脊柱上剪下来。再将标本背面向上,用镊子轻轻提起脊椎,自上而下剪去支配腓肠肌以外的神经分支,直至腘窝[图2－2－3(a)],并搭放在腓肠肌上。沿膝关节剪去股骨周围的肌肉,并将股骨刮净,用粗剪刀剪去股骨上端的1/3(保留下端2/3),制成坐骨神经－小腿的标本。

(2)完成坐骨神经腓肠肌标本。将脊椎和坐骨神经从腓肠肌上取下,提起腓肠肌的结扎线剪断跟腱。用粗剪刀剪去膝关节以下部位,便制成了坐骨神经－腓肠肌标本[图2－2－3(b)]。

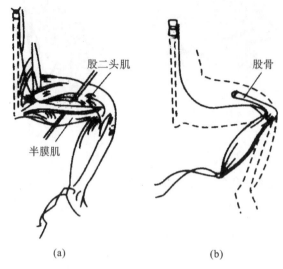

图2－2－3 分离坐骨神经(a)和坐骨神经腓肠标本(b)

8.标本阈强度的测定:用电刺激刺激坐骨神经,先把刺激强度(电压)调至最小,然后逐渐增大刺激强度,每增大一次,给予一次刺激,直到刚能引起肌肉收缩时,刺激器输出的刺激电压就代表该标本的阈强度(或阈值)。

【注意事项】

1.如果实验动物是蟾蜍,注意避免其体表毒液或血液污染标本。

2.避免压挤、损伤和用力牵拉标本,避免用金属器械触碰神经干。

3.在操作过程中,应及时给神经和肌肉滴加任氏液,防止组织表面干燥。

4.标本制成后须放在任氏液中浸泡数分钟,再开始实验。

【实验讨论与思考】

1.用电刺激检验标本兴奋性时,为什么要从中枢端开始?

2.捣毁脑、脊髓后的蛙有何表现?

3.制备好的神经肌肉标本为何要放在任氏液中?

4.如何判断制备的神经肌肉标本的兴奋性?

5.用电刺激神经,为何会引起肌肉收缩?

(关 莉)

实验三 神经干动作电位的引导

【实验目的】

学习蛙类坐骨神经标本的制备方法;学习神经干动作电位的记录方法;观察坐骨神经动作电位的基本波形,分析神经干双相或单相动作电位的产生原理;学习潜伏期、幅值及时程的测量;进一步理解神经的兴奋性、阈强度等基本概念。

【实验原理】

动作电位是指可兴奋组织受到有效刺激时,在静息电位的基础上产生的一个连续的膜电位瞬态变化过程。单根神经动作电位具有"全"或"无"的特性。神经干由若干条神经纤维组成,由于神经纤维直径不同、兴奋性不同,故其动作电位是多条神经纤维动作电位的叠加,称为复合动作电位,因此神经干动作电位幅度在一定范围内将随着刺激强度的增大而增大。神经纤维兴奋表现为动作电位的产生及传导,动作电位是神经兴奋的标志。根据引导方式的不同,所记录到的动作电位可以是双相的或单相的。

本实验利用 BL－420N 生物机能实验系统引导、记录神经干的复合动作电位,观察蛙坐骨神经干动作电位的基本波形、潜伏期、幅值及时程,观察不同刺激强度对神经干动作电位的影响。

【实验对象】

蛙或蟾蜍。

【实验器材与药品】

BL－420N 生物机能实验系统、蛙类手术器械一套、神经标本屏蔽盒、滤纸、棉球、滴管、培养皿,任氏液等。

【实验方法与步骤】

1. 制备坐骨神经－胫、腓神经标本:按坐骨神经－腓肠肌标本制作方法游离坐骨神经至腘窝处,在腓肠肌两侧沟内找到胫神经、腓神经,游离至踝关节;在坐骨神经起始端及胫、腓神经末梢端用线结扎,并剪去细小的神经分支。将制备好的神经标本浸泡在任氏液中数分钟备用。

2. 实验系统的连接。

（1）仪器连接与调试：按图 2 - 3 - 1 连接好仪器，将刺激电极一端插入刺激器输出口，另一端连至神经标本屏蔽盒的刺激电极接线柱（S_1、S_2）。将记录电极（C_1、C_2）导线插入 1 通道（CH_1）。将神经标本屏蔽盒中央的接线柱接地。

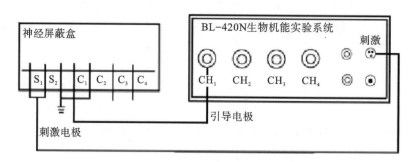

图 2 - 3 - 1　神经干动作电位引导示意图

（2）使用 BL - 420N 生物机能实验系统：在 Windows 操作系统界面，启动 BL - 420N 生物机能实验系统，在功能区的"实验模块"中选择"肌肉神经实验"，在下拉菜单中选择"神经干动作电位的引导"实验项目。适当调节量程和扫描速度，量程为 200，扫描速度为 1.0s/div。在"设置刺激器参数"对话框中设置如下参数。刺激模式：粗电压；刺激方式：单刺激；幅度（强度）：1V；波宽：0.1ms，延时：10.0ms。

【观察项目】

1. 双相动作电位：用小镊子夹住神经标本的结扎线，将神经标本移放在刺激电极和记录电极上。将粗的一端放在刺激电极上，将细的一端放在记录电极上。盖好屏蔽盒盖子，以减少电磁干扰。适当调节刺激强度，启动刺激器即可记录到双相动作电位，如图 2 - 3 - 2（a）。观察刺激伪迹、双相动作电位的波形，注意第一相和第二相是否对称。测量其潜伏期、时程和幅值。

2. 刺激强度与动作电位幅值的关系：用上述神经干进行如下实验：将刺激强度调至 0，并从 0 开始逐渐增大，直至在荧光屏上刚好可以见到一超出零线水平的电位变化，记下此时的刺激强度，即为最小刺激，然后逐渐增大刺激强度，观察动作电位是否随刺激强度的递增而增大，注意在此过程中刺激伪迹有何变化。待动作电位的幅值不再随刺激强度增加而增大时，记下此时的刺激强度（最大刺激）。再继续增加刺激强度，观察伪迹是否仍在增大。

3. 单相动作电位：保持上述刺激及记录条件不变，用小镊子在两个引导电极 C_1 和 C_2 之间夹伤坐骨神经干后，再给予最大刺激强度，此时可见双相动作电位的第二相消失，成为单相动作电位,见图 2-3-2(b)。

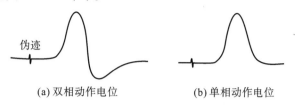

(a) 双相动作电位   (b) 单相动作电位

图 2-3-2 双相动作电位和单相动作电位波形

实验操作步骤见图 2-3-3。

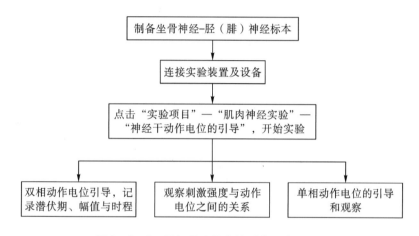

图 2-3-3 神经干动作电位测定实验流程图

【注意事项】

1. 制备坐骨神经干标本时应小心,仔细清除附着于神经干上的结缔组织及血管,避免损伤神经。

2. 注意保持神经干标本湿润。

3. 神经干标本应尽可能长,置于屏蔽盒后,需与各电极均保持良好接触。

4. 刺激神经干时,刺激强度应由弱至强逐步增加,以免过强刺激损伤神经干标本。

【实验讨论与思考】

1. 解释双相动作电位和单相动作电位的产生原理。

2. 通常所记录的双相动作电位的两相为何在波形、幅值上不对称? 在什么情况下才可记录到对称的双相动作电位?

3. 单根神经纤维动作电位的特点是"全或无",为什么实验中在一定范围内神经干动作电位的幅值随刺激强度的增加而增大;但达到一定强度时,动作电位的幅值又不再随刺激强度的增加而增大?

(刘海梅)

实验四　神经干兴奋传导速度的测定

【实验目的】

学习测定神经干兴奋传导速度的基本原理,熟悉神经干兴奋传导速度的测定方法。

【实验原理】

神经细胞为可兴奋细胞,当其受到有效刺激后将产生动作电位,并通过不衰减的方式按一定的速度向远处扩布传导。神经纤维兴奋传导速度因其直径大小、有无髓鞘而各不相同。蛙类的坐骨神经干属于混合性神经,其中包含有粗细不等的各种纤维,其直径一般为 $3 \sim 29 \mu m$,其中直径最粗的有髓纤维为 A 类纤维,传导速度在正常室温下为 $35 \sim 40 m/s$。传导速度可由测定神经冲动所经过的路程和消耗的时间来计算: $V = d/t$。

【实验对象】

蛙或蟾蜍。

【实验器材与药品】

BL - 420N 生物机能实验系统、蛙类手术器械一套、神经屏蔽盒、换能器、滴管、脱脂棉,任氏液等。

【实验方法与步骤】

1. 制备坐骨神经 - 胫(腓)神经标本:方法同实验三。

2. 仪器连接:连接 BL - 420N 生物机能实验系统与神经标本屏蔽盒。引导电极使用两对:近刺激端的一对(C_1、C_2)和远离刺激端的一对(C_3、C_4)。生物机能实验系统使用两个通道(CH_1、CH_2)。

3. 将坐骨神经干标本置于屏蔽盒内的电极上,将神经干的中枢端置于刺激电极一端。

4. 使用 BL - 420N 生物机能实验系统:用鼠标左键单击功能区的"实验模块"中的"肌肉神经实验",在下拉子菜单中选择"神经干兴奋传导速度的测定"实验项目。

5. 神经干传导速度测量:调节刺激强度,使记录电极引导的动作电位达到最大的幅值,分别测量两对记录电极引导的动作电位的潜伏期,用 t_1、t_2 表示,$t_2 - t_1$(Δt)即动作电位由 C_1 传导至 C_3 所需的时间,Δt 也可用两个动作电位峰值间的距离表示(单位:ms)。使用毫米刻度尺准确量出两对引导电极的距离,即为神经干的长度 d(单位:mm)。根据计算公式,传导速度(V) = 传导距离(d)/时间(Δt),计算出蛙或蟾蜍坐骨神经干的兴奋传导速度。

实验步骤见图 2 - 4 - 1。

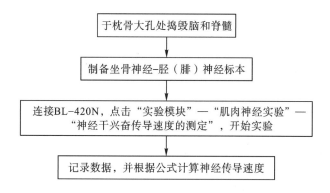

图 2 - 4 - 1　神经干兴奋传导速度的测定实验步骤

【注意事项】

1. 神经干分离尽可能长,尽量将两对引导电极的距离拉远一些,距离越远,测定的传导速度就越准确。

2. 确保各电极与神经干接触,经常滴加任氏液,以保持标本湿润,但应防止电极间短路。

3. 屏蔽盒应良好接地,尽量减小刺激伪迹,这样更加容易确定动作电位离开基线的起始点。

【实验讨论与思考】

1. 实验中测定出的神经传导速度是神经干中哪类纤维的兴奋传导速度? 为什么?

2. 能否用从刺激电极到记录电极 C_1 的距离除以 t_1 直接计算神经传导速度?

(刘海梅)

实验五　骨骼肌的收缩特征

【实验目的】

观察不同刺激强度对肌肉收缩的影响,掌握阈刺激、阈上刺激和最大刺激等概念;同时观察不同刺激频率对肌肉收缩的影响,了解强直收缩的产生机制。

【实验原理】

蛙或蟾蜍的坐骨神经干是由许多兴奋性不同的神经纤维所组成的。保持一定的刺激时间和强度－时间变化率不变,刚好能引起其中兴奋性较高的神经纤维产生兴奋,此时的刺激强度即为这些神经纤维的阈强度。随着刺激强度不断增加,更多的神经纤维兴奋,肌肉的收缩反应也逐步增大。当刺激强度增大到某一值时,神经中所有纤维均产生兴奋,此时肌肉做最大收缩;继续增大刺激强度,肌肉收缩反应不再继续增大。将引起肌肉最大收缩的最小刺激强度的刺激称为最大刺激。用不同频率的电脉冲刺激神经时,肌肉会产生不同的收缩反应。若刺激频率较低,每次刺激的时间间隔超过肌肉单次收缩的持续时间,则肌肉的反应表现为一连串的单收缩;若刺激频率逐渐增加,刺激间隔逐渐缩短,肌肉收缩的反应可以融合,开始表现为不完全强直收缩,以后成为完全强直收缩。

【实验对象】

蛙或蟾蜍。

【实验器材与药品】

BL-420N生物机能实验系统、蛙类手术器械一套、蛙钉、铁架台、肌动器、微调固定器、张力换能器、培养皿,任氏液等。

【实验方法与步骤】

1.制备坐骨神经－腓肠肌标本:方法同实验三。

2.仪器连接:将肌动器固定在铁架台的微调固定器上,且与张力换能器平行,并把标本中预留的股骨固定在肌动器上。将张力换能器(量程为50g)用微调固定器固定在支架上,张力换能器与桌面平行,腓肠肌的跟腱结扎线固定在张力换能器的簧片上,结扎线与桌面垂直。调节微调固定器的上下转钮,使连线不要太紧或太松,保持有一定的前负荷。把坐骨神经放在刺激保护电极上,保持神经与刺激电极接触良好。启动 BL – 420N 生物机能实验系统,在功能区"实验模块"中选择"肌肉神经实验",在下拉菜单中选择"刺激频率对肌肉收缩的影响"实验项目。

【观察项目】

1. 不同刺激强度对腓肠肌收缩的影响:选用单刺激,刺激强度从零开始逐渐增大,找出刚能引起肌肉出现微小收缩的刺激强度(阈强度)。继续增大刺激强度,观察肌肉收缩反应是否也相应增强。继续增大刺激强度,直至肌肉收缩曲线不能继续升高。找出刚能引起肌肉出现最大收缩的最小刺激强度,即最大刺激强度。

2. 不同刺激频率对腓肠肌收缩的影响:选用最大刺激对应的刺激强度,采取连续单刺激模式,刺激频率以 1 Hz、2 Hz、4 Hz、8 Hz、16 Hz、32 Hz 逐渐增加,分别记录不同频率时的肌肉收缩曲线,观察不同频率刺激时的肌肉收缩变化,从而引导出单收缩、不完全强直收缩和完全强直收缩(图 2 – 5 – 1)。

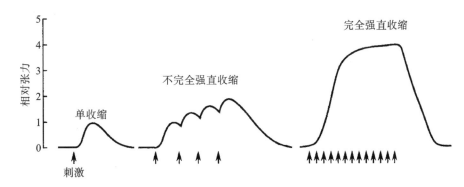

图 2 – 5 – 1　不同刺激频率的肌肉收缩曲线

实验步骤见图 2 – 5 – 2。

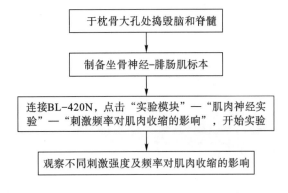

图 2 – 5 – 2　骨骼肌的收缩特性实验步骤

【注意事项】

1. 制备离体神经肌肉标本及实验操作过程中要不断滴加任氏液,以防标本干燥而丧失正常生理活性。

2. 操作过程中应避免强力牵拉和手捏神经或夹伤神经、肌肉。

3. 每次刺激之后必须让肌肉有一定的休息时间,特别是在观察刺激频率的影响时。

【实验讨论与思考】

1. 为什么在一定范围内增加刺激强度,骨骼肌收缩力会增强?

2. 为什么刺激频率增加时,肌肉收缩幅度也会增大?

3. 兴奋是如何通过神经传递至肌肉的? 如果刺激直接施加在肌肉上,会出现什么现象?

4. 肌肉产生完全强直收缩有何生理意义?

5. 当肌肉收缩曲线融合时,神经干产生的动作电位是否也发生融合?

(刘海梅)

实验六　红细胞渗透脆性试验

【实验目的】

通过观察红细胞对低渗 NaCl 溶液的抵抗力,了解红细胞渗透脆性这一特性;理解细胞外液晶体渗透压相对稳定对维持细胞正常形态和功能的重要意义。

【实验原理】

生理情况下,红细胞在血液中的形态和功能保持正常,是因为血细胞内的渗透压与血浆渗透压相等(约 300mOsm/L,相当于 0.9% NaCl 溶液的渗透压)。但若将红细胞置于 2% NaCl 溶液中时,则水分子在渗透压差的作用下从细胞内向细胞外移动,出现红细胞的皱缩;相反,若置于低渗溶液中时,会出现水分子进入细胞内、细胞逐渐肿胀甚至破裂溶解、血红蛋白释出的溶血现象。这种特性称为红细胞的渗透脆性。

红细胞对低渗溶液具有一定的抵抗力。这种抵抗力的大小可以作为红细胞渗透脆性的指标。脆性大,表示红细胞膜对低渗盐溶液的抵抗力小,红细胞容易破裂溶血。

一般情况下,红细胞悬浮于 0.6% NaCl 溶液中会发生膨胀;在 0.4% ~0.44% 的 NaCl 溶液中,开始出现溶血现象,说明该血液中抵抗力最小的红细胞开始溶血,这代表了红细胞的最大脆性;完全溶血多发生在 NaCl 溶液浓度为 0.3% ~0.36% 时,代表了红细胞的最小脆性。

能够使悬浮于其中的红细胞保持正常形态和大小的溶液称等张溶液。等张溶液一定是等渗溶液,但等渗溶液不一定是等张溶液。

【实验对象】

兔或人。

【实验器材与药品】

带长针头的注射器、小烧瓶、试管架、小试管,3.8% 柠檬酸钠溶液、0.9% NaCl 溶液、0.6% NaCl 溶液、0.42% NaCl 溶液、0.35% NaCl 溶液、0.3% NaCl 溶液。

【实验方法与步骤】

1. 采血:捉兔一只,以带长针头的注射器刺入兔心室,抽取血液 10mL,装入内盛 3.8% 柠檬酸钠溶液的烧瓶,摇匀备用。

2. 取小试管 5 支,按顺序编号并放于试管架上,分别加入 0.9%、0.6%、0.42%、0.35%、0.3% 的 NaCl 溶液各 2mL。

3. 于上述各试管中加入血液一小滴,轻轻摇匀,将试管在室温内静置 1h,然后观察试管内的变化:试管内的红细胞在哪种低渗液中开始破裂溶血,在哪种低渗液中完全破裂溶血。开始出现溶血的 NaCl 溶液浓度,为红细胞最小抵抗力;引起红细胞完全破裂溶血的最低 NaCl 溶液浓度,为红细胞的最大抵抗力。

【结果判断】

试管内液体下层呈混浊红色,上层为透明无色液体,说明红细胞没有溶血。试管内液体下层呈混浊红色,上层出现透明红色,为不完全溶血。试管内液体完全变成透明红色,为完全溶血。

【注意事项】

1. 不同浓度的 NaCl 溶液配制应准确。

2. 吸取不同溶液的吸管应严格区分,不得混淆使用。

【实验讨论及思考】

1. 使正常人的红细胞开始出现溶血和完全溶血的 NaCl 溶液浓度分别是多少?检查红细胞渗透脆性有何生理意义?

2. 何谓生理盐水?临床输液时为什么不能输低渗溶液?

3. 等渗溶液和等张溶液有何不同?

4. 为什么红细胞在 1.9% 尿素溶液中会发生溶血?

(张晓东)

实验七　红细胞沉降率测定

【实验目的】

通过红细胞沉降率的测定,理解红细胞的悬浮稳定性;掌握红细胞沉降率的正常值。

【实验原理】

红细胞的悬浮稳定性是指血细胞悬浮于血浆中不容易下沉的特性。红细胞沉降率,简称血沉,指红细胞在一定条件下沉降的速度。血液是悬浊液,将加有抗凝剂的血液注入一垂直管中,在重力的作用下,红细胞会缓慢下沉,血柱上方因红细胞下沉出现淡黄色的血浆层,血浆柱的高度则反映了红细胞下降的速度。下降速度快则血浆柱高度高。红细胞在膜表面相同电荷的排斥力及红细胞与血浆的摩擦力作用下,下沉速度十分缓慢。

测定红细胞沉降率(魏氏法)时通常以第一小时末红细胞下沉的距离,即析出的血浆柱高度(单位为 mm),作为红细胞沉降速度的指标。红细胞下沉越快,表示悬浮稳定性越差。正常情况下血沉为:男性 0 ~ 15mm/h,女性 0 ~ 20mm/h。一些生理性因素,如低龄儿童、老人或者是女性的月经期、妊娠期,以及某些疾病(如感染性疾病、自身免疫性疾病、贫血等),都可以使血沉加快。

【实验对象】

人或家兔。

【实验器材与药品】

小试管、1mL 刻度吸管、消毒注射器、魏氏血沉管、固定架、钟表,3.8% 柠檬酸钠溶液、医用酒精或碘酒棉球等。

【实验方法与观察项目】

1. 用 1mL 刻度吸管吸取 3.8% 柠檬酸钠溶液 0.4mL,放入小试管内。

2. 采血:以消毒酒精或碘酒对被检者肘正中静脉处严格清毒后,以注射器从正中静脉抽血约 2mL(或由兔心脏抽血 2mL),立即放 1.6mL 于上述试管内,摇匀。

3. 用魏氏血沉管吸取混合后的血液至零刻度处,将魏氏血沉管的下端置于固定架下部的皮垫上,再将管的上端固定于弹簧顶盖下。

4. 观察结果:放置好魏氏血沉管后,立即开始计算时间,待 1h 末观察血细胞下沉的毫米数(血浆层的高度),即为红细胞沉降率。

【注意事项】

1. 抽取血液量要准确,用魏氏血沉管取血时不能有凝血块或气泡。

2. 魏氏血沉管必须垂直立于固定架上。

3. 温度升高,血沉速度加快。实验温度应以 18 ~ 25℃ 为宜,以排除温度对实验的影响。

4. 实验过程中,动作要轻柔,避免剧烈振荡,破坏红细胞。

【实验讨论与思考】

1. 被检者血沉是否正常?

2. 血沉与红细胞悬浮稳定性有何关系?

3. 影响血沉的因素有哪些? 为什么?

4. 红细胞沉降率在临床上有何意义?

(张晓东)

实验八　出血时间与凝血时间测定

【实验目的】

学习出血时间和凝血时间的测定方法,推断血小板的功能状态及凝血因子的状态。

【实验原理】

出血时间(bleeding time,BT)是指从针刺入皮肤导致毛细血管破损出血后,血液自行流出到自行停止所需的时间。小血管和毛细血管受损,激活血小板,释放出血管活性物质及二磷酸腺苷(ADP),加强局部小血管的收缩和血小板聚集,使出血停止。出血时间可用于检查机体生理性止血功能是否正常,即主要用于初步了解毛细血管功能及血小板功能是否正常。

凝血时间(clotting time,CT)是指血液从血管流出,在体外完全凝固所需要的时间。血液离体后接触异物,激活一系列凝血因子,最后导致血液中的纤维蛋白原转变为纤维蛋白,网罗血细胞而发生凝固。

出血时间有助于诊断某些血液疾病,如出血时间延长可见于血小板数量减少或血小板功能异常。凝血时间则偏重于反映血液本身的凝固过程,与血小板的数量及毛细血管的脆性关系较小。

【实验对象】

人。

【实验器材与药品】

血压计、滤纸、棉球、玻片、秒表、小试管 3 支、试管架、注射器、水浴箱,75% 酒精等。

【实验方法与观察项目】

1. 测定出血时间(TBT 法,正常值为 2.3~9.5min)。

(1)将血压计袖带束于上臂,加压维持在 40mmHg,儿童为 20mmHg。

(2)在肘前凹窝下 2 横指处用 75% 酒精常规消毒,轻轻绷紧皮肤,置测定器紧贴皮肤,刺一深 2~3mm 切口(避开瘢痕及浅表静脉),同时计时。

（3）每隔半分钟用干净滤纸吸一次渗血,至出血自然停止。

（4）计算出血时间。

2. 测定凝血时间（试管法,参考值为 5～12min）。

（1）取洁净试管 3 支。

（2）抽取静脉血 3mL 以上,当血液进入注射器时启动秒表,开始计时。

（3）取下针头,将血液沿管壁缓慢注入 3 支试管中,各 1mL,静置于 37℃水浴箱中。

（4）于血液离体 5min 后,每隔半分钟将第一管倾斜一次,以观察管内血液是否流动,至血液不再流动时再依法观察第二管、第三管。

（5）第三管凝固时停止秒表计时,所记录时间即为血液凝固时间。

【注意事项】

1. 滤纸不能接触伤口,以免影响结果的准确性。

2. 用具要严格消毒。

3. 实验前一周应停止服用阿司匹林等抗凝药物。

4. 出血持续并大于 20min 时,应停止测定,并压迫止血。

5. 采血部位应保暖,穿刺部位皮肤应正常。

【实验讨论与思考】

1. 出血时间延长的患者,凝血时间是否一定会延长?

2. 出血和凝血有何区别?

（张晓东）

实验九　影响血液凝固的因素

【实验目的】

熟悉兔股动脉采血方法；了解血液凝固的基本过程及加速或延缓血液凝固的一些因素。

【实验原理】

血液凝固是一种由多种凝血因子参与的酶促化学反应过程，其结果是使血液由流体状态转变成冻胶状态。其实质是血浆中的可溶性纤维蛋白原转变成不可溶性纤维蛋白的过程。此过程包括三个主要阶段。①凝血酶原激活物形成；②凝血酶原被激活为凝血酶；③纤维蛋白原转变为纤维蛋白。形成的纤维蛋白丝交织成网，网罗血细胞形成凝血块。

根据凝血酶原激活物来源的不同可将血液凝固分为内源性凝血途径和外源性凝血途径。两种凝血途径的启动因子、凝血过程不同，但二者也有交叉和相互影响。参与凝血过程的许多因素都可以加速、减慢或抑制血液凝固的发生或进程。比如凝血因子的缺乏、去除血液中的钙离子或者加入肝素等可减缓或抑制血液凝固的过程。一些理化因素，如增加反应温度、增加容器表面的粗糙程度或加入维生素 K 等，均可加速血液凝固。

【实验对象】

家兔。

【实验器材与药品】

哺乳动物手术器械一套、兔手术台、注射器、试管、小烧杯、竹签、石蜡油、碎棉纱、冰块，3.8% 柠檬酸钠溶液、生理盐水、45℃温水、肝素、20% 乌拉坦溶液。

【实验方法和步骤】

1. 麻醉动物：用 20% 乌拉坦溶液按 5mL/kg 的剂量经耳缘静脉注射将家兔麻醉，固定于兔手术台上。

2. 股动脉插管：分离兔一侧股动脉并行动脉插管，以备取血用。

3.准备试管:取试管 8 支,按顺序标号,并准备好实验用品。

试管 1:不加任何处理(对照)。

试管 2:试管内表面涂石蜡油。

试管 3:内放少许纱布块。

试管 4:加入 3.8% 柠檬酸钠溶液 0.5mL。

试管 5:置于有冰块的小烧杯中预先冷却。

试管 6:置于盛有 45℃ 温水的小烧杯中。

试管 7:加入肝素 8 单位(加血后摇匀)。

试管 8:备竹签 1 支,搅拌用。

4.取血:放开兔动脉插管血管夹,分别给 8 支试管各装入 2mL 兔血,观察并记录凝血时间。在试管 8 中加入血液后,不断用竹签搅动,直至纤维蛋白形成。

【实验结果观察】

将观察结果记录在表 2 - 9 - 1 中。

表 2 - 9 - 1　实验结果记录表

实验结果	试管 1	试管 2	试管 3	试管 4	试管 5	试管 6	试管 7	试管 8
是否凝固								
凝固时间								

【注意事项】

1.动脉血流出必须通畅,否则选用另一侧股动脉再采血。

2.兔血加入试管后立即开始计时,每隔 15s 将试管倾斜一次,观察血液是否凝固,至血液成为冻胶状不再流动停止计时,记下各管凝固所需时间。

【实验讨论与思考】

1.在本实验观察中,哪些因素可加速血液凝固,哪些因素可延缓血液凝固,为什么?

2.试述血液凝固的基本过程。

(张晓东)

实验十　ABO 血型鉴定与交叉配血

【实验目的】

通过学习血型鉴定的方法,掌握 ABO 血型的分型依据;观察红细胞凝集现象;理解临床上输血的重要意义。

【实验原理】

根据人红细胞膜上所含 A、B 凝集原分布的不同将人类的 ABO 血型分为 A、B、O、AB 四种类型。当把不同血型的血液混合时,即凝集原(抗原)与相应的凝集素(抗体)相遇时,红细胞会发生凝集反应。凝集反应是一种抗原抗体的免疫反应,此时红细胞聚集成团,可堵塞小血管,甚至红细胞发生破裂溶血,产生严重后果。

交叉配血是将受血者的红细胞与血清分别和供血者的血清与红细胞相混合,观察有无凝集现象。为确保输血安全,在血型鉴定后必须进行交叉配血试验,确定无凝集现象,方可进行输血。

【实验对象】

人。

【实验器材与药品】

彩色蜡笔、采血针、双凹玻片、干棉球、玻棒、75% 酒精棉球,小试管、消毒注射器及针头、滴管显微镜、离心机,抗 A 血清、抗 B 血清、生理盐水等。

一、ABO 血型鉴定(玻片法)

本实验是将受检者的红细胞分别加入抗 A 血清和抗 B 血清,根据是否发生凝集反应判断血型。

【实验方法与观察项目】

1.采血前的准备:取玻片一块,用蜡笔将其划分为两段,分别加一滴抗 A 血清和抗 B 血清。两段玻片中间各滴一滴生理盐水。

2. 采血:用75%酒精棉球消毒指端,然后用采血针刺入指端皮肤约2mm,轻挤出小血滴,分别在两段双凹玻片的生理盐水中滴入一滴血,使之成为红细胞悬液。用干棉球压迫出血处止血。

3. 判断血型:用玻棒两端分别将抗 A 血清及抗 B 血清与红细胞悬液混匀,轻轻摇动玻片,3～5min 后观察有无凝集反应出现,根据有无反应判断被检者血型(图2－10－1)。

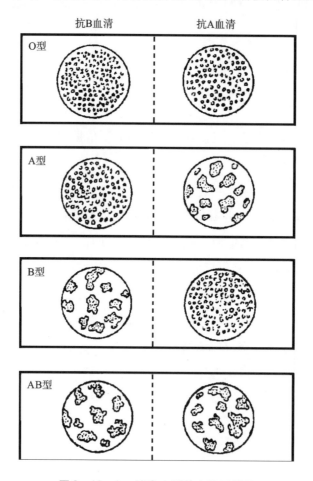

图2－10－1 ABO 血型检查结果判断

二、交叉配血试验(试管法)

本试验是将供血者或受血者的血液分别制成红细胞悬液和血清,分别进行交叉混合,并根据反应结果确定是否能够进行输血。交叉配血的主侧是供血者的红细胞和受血者的血清相混合,次侧是受血者的红细胞与供血者的血清相混合,如图2－10－2所示。

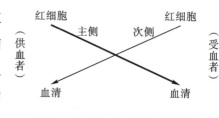

图2－10－2 交叉配血示意图

【实验方法与观察项目】

1.制备红细胞悬液:用 75% 酒精消毒皮肤后,用消毒的干燥注射器抽取受血者静脉血 2mL,取其 1 滴加入装有 1mL 生理盐水的小试管中,制成红细胞悬液,其他血液装入另一小试管中,待凝固后离心出血清备用。

以同样方法制备供血者的红细胞悬液与血清。

2.混匀红细胞与血清:取试管 2 支,分别标明"主""次"字样,在主侧分别滴加供血者的红细胞悬液和受血者的血清各一滴;于次侧滴加受血者的红细胞悬液和供血者的血清各一滴。离心 1min(1000r/min),取出试管,观察两管是否有凝集反应。

【实验结果观察】

将实验结果记录在表 2 – 10 – 1 中。

表 2 – 10 – 1　实验结果记录表

结果	主侧	次侧	能否配血
A	凝集	凝集	
B	凝集	不凝集	
C	不凝集	凝集	
D	不凝集	不凝集	

【注意事项】

1.玻棒分两端用,切勿将两端的抗 A 和抗 B 血清混合。

2.吸 A、B 型标准血清及红细胞悬液时,应使用不同的滴管,红细胞悬液滴管尖端不能接触标准血清。

3.每次采血不宜太多。

4.红细胞悬液不能太浓或太淡,以防假阴性或假阳性。

5.注意区别红细胞凝集和聚集,后者加一滴生理盐水混匀即可分散,前者不能分开。

6.肉眼观察不易判断时,可于显微镜下观察。

【实验讨论与思考】

1.ABO 血型系统的分类依据是什么? A 型血可以输给什么血型的人? 为什么?

2.凝集反应与血液凝固有何不同?

3.如果没有标准血清,只有 A 型血液,如何鉴定某人的血型?

4.不同血型之间输血时有哪些注意事项?

(张晓东)

实验十一 人体心电图的描记与分析

【实验目的】

学习心电图的描记方法并辨认正常心电图各波形,了解其代表的生理意义。

【实验原理】

心肌自律细胞兴奋时能够产生动作电位,窦房结节律最高,控制整个心脏活动,称为窦性心律。窦房结兴奋发出后,依次传至心房和心室,引起整个心脏的兴奋和收缩。在一个心动周期中,心脏各部分产生的生物电按一定的时间、方向和途径传播,并通过导电性良好的心脏周围组织传导到体表。因此可在体表安放引导电极,用仪器把心脏产生的这些生物电记录下来,所记录的曲线称为心电图。

【实验对象】

人。

【实验器材及药品】

电极、导联线、分规、心电图机、75%酒精棉球、生理盐水棉球等。

【实验方法与步骤】

1. 心电图描记。

(1)描记前准备:连接好心电图机地线、电源线,打开电源,让心电图机预热3～5min。然后校正标准电压,按下校正键,使描笔振幅恰好为10mm,并调好走纸速度为25mm/s。

(2)安放电极和导联线:让受试者除去身上金属物品,静卧于检查床上,稳定情绪,放松肌肉,用酒精棉球擦拭受试者两手腕屈侧和两踝上方的内侧皮肤,再用盐水棉球擦拭一遍,以降低体表电阻,增加导电性。

在上述擦拭部位安放电极板并用缚带将电极板固定好,将肢体导联与心电图机相接,用黄色、红色、绿色和黑色导联线分别与左腕、右腕、左腿和右腿相应电极板相连。

用白色导联线连接胸前导联各个电极板,在安放电极板之前,先用酒精、盐水棉球擦拭局部皮肤。胸前导联电极板放置位置是:V_1在胸骨右缘第4肋间;V_2在胸骨左缘第4

肋间;V_4 在左锁骨中线第 5 肋间;V_3 在 V_2 与 V_4 连线的中点;V_5 在左腋前线第 5 肋间;V_6 在右腋中线第 5 肋间。

（3）记录心电图:开启心电图机,通过切换导联选择开关分别选择标准肢体导联 Ⅰ、Ⅱ、Ⅲ,加压单极肢体导联 aVR、aVL、aVF,胸导联 $V_1 \sim V_6$ 等。

2. 心电图分析:取下心电图纸,辨认 P 波、QRS 波群、T 波、P – R 间期、ST 段和 Q – T 间期。

（1）心率测定:对心律齐者的测量,用分规测量相邻两个心动周期 R 波之间的距离,算出 R – R 间隔时间（单位:s）;再用 60 除以该时间,所得商即为心率,即心率 = 60/（R – R 间期）,单位是次/min。当心律不齐时（测量方法为若最大 R – R 间距与最小的 R – R 间距之差大于 3 个最小格,即大于 0.12s 时,视为心律不齐）,应测量 5 个 R – R 间期,求其均值,再代入上述计算公式计算出心率。

（2）心律的分析:包括主导节律的判定,心律是否规则、整齐,有无期前收缩或异位节律。分析时,首先要辨认出 P 波、QRS 波群和 T 波,根据 P 波决定基本心律。窦性心律的心电图表现是:P 波在 Ⅱ 导联中直立,aVR 导联倒置,P – R 间期在 0.12s 以上。如果心电图中最大的 P – P 间隔时间和最小的 P – P 间隔时间相差在 0.12s 以上,称为窦性心律不齐。成年人正常窦性心律的心率为 60 ~ 100 次/min。

（3）时间测量:心电图纸一般的走纸速度为 25mm/s,最小一个横格（1mm）代表 0.04s。

P 波:从 P 波的起点到终点,正常成人时间一般不超过 0.11s,代表心房肌除极的电位变化。

P – R 间期:从 P 波起始部到 QRS 波群的起始部的时间为 P – R 间期,正常成人为 0.12 ~ 0.20s,表示心房开始除极到心室开始除极的时间。

QRS 波群:QRS 波群为心室除极波,由 Q、R、S 三个波构成。向上波为 R 波,其前向下波为 Q 波,其后向下波为 S 波。QRS 间期表示心室除极所需的时间,正常成人为 0.06 ~ 0.10s。

Q – T 间期:指 QRS 波群的起点至 T 波终点的间距,代表心室肌除极和复极全过程所需的时间。Q – T 间期长短与心率的快慢密切相关,心率越快,Q – T 间期越短,反之则 Q – T 间期越长。心率在 60 ~ 100 次/min 时,Q – T 间期的正常范围应为 0.32 ~ 0.44s。

（4）电压测量:从基线到波顶点的间距,表示该波电压。一般上下方向最小一个小格（1mm）表示 0.1mV。

P 波:该波是心房除极波,其幅度值应小于 0.25mV,高而尖的 P 波常提示右心房肥大。

Q 波：在主波向上导联，Q 波幅值应小于 1/4 R 波。异常 Q 波常提示心肌梗死等。

R 波：V_1 的 R 波大于 S 波，常提示右心室肥大；一般 R 波明显，即主波向上的导联，其 P 波、T 波直立；正常人的胸导联 R 波自 V_1 至 V_6 逐渐增高，S 波逐渐变小。

T 波：是心室复极波，一般与 QRS 波群的主波方向一致；在 V_5、V_6 导联中，T 波幅度值必须大于 1/10 R 波，若小于 1/10 R 波、低平或倒置，常提示心肌劳损。

ST 段：自 QRS 波群的终点至 T 波起点间的线段，代表心室缓慢复极过程。正常的 ST 段多为一等电位线，有时亦可有轻微的偏移，但在任一导联，ST 段下移一般不应超过 0.05mV；ST 段上移在 $V_1 \sim V_2$ 导联一般不超过 0.3mV，V_3 不超过 0.5mV，$V_4 \sim V_6$ 导联与肢体导联不超过 0.1mV。

【注意事项】

1. 受试者必须静卧，肌肉放松，避免肌电干扰。

2. 电极和皮肤应紧密接触，防止干扰和基线漂移。

3. 描记心电前，必须"定标"，一般 1mV 标准电位时描笔上下移动 10mm 距离，即 1mm 表示 0.1mV 电压。

4. 正常心电图者，每个导联一般只描记 3 次或 4 次心动的心电图即可。

5. 每次换导联时，必须停笔，使记录处于停止状态。

【实验讨论与思考】

1. 为何描记心电图前先要定标？

2. 正常人体心电图可分为哪几个波段？各代表什么生理意义？

（林锐珊）

实验十二　心音听诊

【实验目的】

学习心音听诊的方法,了解第一心音(S_1)和第二心音(S_2)的特点及其产生原理,初步掌握听诊器的结构及使用。

【实验原理】

心动周期中,心脏收缩、舒张,瓣膜开、关,血流冲击心室壁和大动脉管壁等引起振动产生的声音,称为心音。将听诊器置于受试者心前区的胸壁上,可以听到 S_1 及 S_2。第一心音:音调较低(音频为 25~40 次/s)而历时较长(0.12s),声音较响,是由房室瓣关闭和心室肌收缩振动所产生的。由于房室瓣的关闭与心室收缩开始几乎同时发生,因此第一心音是心室收缩的标志,其响度和性质变化常可反映心室肌收缩强弱和房室瓣膜的功能状态。第二心音:音调较高(音频为 50 次/s)而历时较短(0.08s),较清脆,主要是由半月瓣关闭产生振动造成的。由于半月瓣关闭与心室舒张开始几乎同时发生,因此第二心音是心室舒张的标志,其响度常可反映动脉压的高低。在某些健康的儿童及青少年也可听到第三心音(S_3),一般听不到第四心音(S_4),如能听到,可能为病理性。

【实验对象】

人。

【实验器材】

听诊器。

【实验方法与步骤】

1. 确定听诊部位:嘱受检者取仰卧位或坐位,解开上衣,裸露胸部;按图 2-12-1 确定听诊部位。①二尖瓣听诊区(M):左锁骨中线第 5 肋间稍内侧;②肺动脉瓣听诊区(P):胸骨左侧第 2 肋间;③主动脉瓣听诊区(A):胸骨右缘第 2 肋间;④主动脉瓣第二听诊区(E):胸骨左缘第 3 肋间;⑤三尖瓣听诊区(T):胸骨右缘第 4 肋间或剑突下。

2. 听诊:检查者佩戴好听诊器,用右手拇指、食指及中指轻持听诊器胸件,紧贴受试者胸壁皮肤,按以下顺序依次听诊:二尖瓣听诊区—主动脉瓣听诊区—肺动脉瓣听诊区—三尖瓣区听诊区,仔细辨别 S_1、S_2。

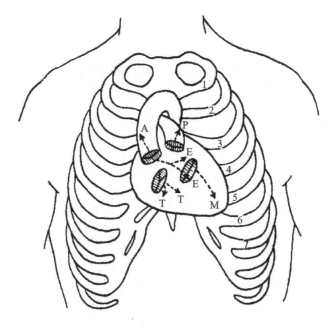

图 2 – 12 – 1　心音听诊部位

【观察项目】

根据心音性质(音调高低、持续时间长短)、间隔时间,仔细区分第一心音和第二心音。如难以区分两个心音,可同时用手指触诊心尖搏动或颈动脉搏动,此时出现的心音即为第一心音。然后再从心音音调高低、历时长短认真鉴别两心音的不同,直至准确识别。

主要记录音调、音量、持续时间、心室状态以及听诊最佳部位等几个方面。

【注意事项】

1. 保持室内安静。

2. 听诊时听诊器的耳件方向应与外耳道方向一致。橡皮管不得交叉、扭结,避免橡皮管与其他物品摩擦,以免产生摩擦音影响听诊。

3. 为了更好地辨别心音,可让受试者改变体位、暂停呼吸或屏住呼吸。

【实验讨论与思考】

1. 试述第一心音及第二心音产生的机制、特点及临床意义。

2. 试述各瓣膜的听诊区部位是否在各瓣膜的体表投影位置。

(苏　文)

实验十三　蛙心兴奋传导顺序分析

【实验目的】

利用结扎阻断兴奋传导通路的方法,确定蛙心起搏点及兴奋传导的顺序。

【实验原理】

心脏的特殊传导系统具有自动节律性,但各部分的自律性高低不同。两栖类动物心脏为两心房和一心室。静脉窦的自律性最高,心房次之,心室最低。因此,蛙或蟾蜍心脏的正常起搏点是静脉窦,其心房和心室在静脉窦自律性的作用下依序搏动,只有当正常起搏点的冲动受阻时,"超速压抑"解除,心脏的自律性次之的部位才可能显示其自律性。

【实验对象】

蛙或蟾蜍。

【实验器材与药品】

蛙类手术器械一套、棉线、大头针,任氏液等。

【实验方法与步骤】

1. 暴露蛙心脏:用探针在枕骨大孔处进针,破坏蛙的脑和脊髓(破坏要彻底),之后将蛙仰卧于蛙板上;用剪刀剪开胸骨表面皮肤并自剑突向两侧下颌角方向剪开皮肤,于剑突下腹肌上剪一小口,并自剑突向两侧下颌角方向剪开肌肉和胸壁,使创口呈一倒三角形;用小剪刀剪开心包膜,完全暴露心脏。

2. 识别蛙心各个部位:识别静脉窦、心房、心室三部分及窦房沟、房室沟的结构和位置(图2-13-1)。

【观察项目】

1. 观察蛙心静脉窦、心房、心室三部分跳动的顺序及跳动频率(注意三个部位频率是否一致)。

2. 结扎房室沟:在房室沟处用细线结扎(斯氏第2扎),阻断心房和心室之间的兴奋传导后,观察并计数静脉窦、心房、心室各自的跳动频率有何变化。

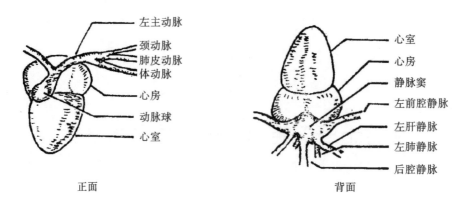

图 2 - 13 - 1　蛙心解剖图

3. 结扎窦房沟:用细镊子在主动脉干下方穿引一细线,再用玻璃分针将心尖翻向头端,暴露心脏背面,于静脉窦与心房之间的半月形纤维环(窦房沟)处沿着半月形白线的近心尖侧结扎(斯氏第 1 扎),以阻断静脉窦与心房之间的兴奋传导(阻断要彻底)。观察并计数静脉窦、心房和心室各自的跳动频率。

另外,上述内容完成后,亦可在心房和心室恢复跳动后(一般 15 ~ 30min,为促其恢复,也可用玻璃分针轻叩心脏),观察并计数心脏各部分的跳动频率。分别计数静脉窦、心房和心室跳动频率,注意观察它们的跳动是否一致。

4. 将上述各项观察结果填入表 2 - 13 - 1。

表 2 - 13 - 1　蛙心结扎房室沟和窦房沟后静脉窦、心房及心室的跳动频率

条件	静脉窦	心房	心室
结扎前			
结扎房室沟			
结扎窦房沟			

【注意事项】

1. 结扎时,结扎部位必须准确,勿将静脉窦或心房结扎住。

2. 若结扎房室沟后,心房、心室停搏过长时间,可用玻璃分针进行人工刺激,使其恢复自主跳动后再计数。

3. 每一次结扎都应扎紧,以完全阻断兴奋的传导。

4. 实验过程中,应随时滴加任氏液,以保持蛙心的兴奋性。

【实验讨论与思考】

两次结扎后静脉窦、心房、心室为何跳动频率不一致?哪一部分的跳动频率更接近于正常心跳频率?这说明正常心搏起点在何处?心脏兴奋传导的顺序如何?

(苏　文)

实验十四 期前收缩和代偿间歇

【实验目的】

学习在体蛙心跳曲线的记录方法,并通过对期前收缩和代偿间歇的观察,了解心肌兴奋性变化特点及其生理意义。

【实验原理】

一个心动周期中,心肌的兴奋性会发生周期性变化,分别经历有效不应期、相对不应期和超常期。心肌兴奋后其兴奋性的变化特点是有效不应期特别长,约相当于整个收缩期和舒张早期。在此期中,任何刺激均不能使之产生动作电位并引起心肌的再次兴奋收缩。随后为相对不应期和超常期,在此两期内给予心肌较强的刺激可使其产生动作电位并产生收缩。后两期相当于舒张中、晚期。因此如果在心室肌舒张中、晚期内给予心室肌一次阈上刺激,便可在正常节律性兴奋到达心室之前引起一次兴奋和收缩,这次提前发生的兴奋收缩,称为期前收缩。而随后到达的正常的节律性兴奋,常恰好落在期前收缩的有效不应期内,因而不能引发心室的兴奋和收缩,此时心室将在舒张状态停留较长时间,直至下一次正常的节律性兴奋到达时才恢复原来正常的节律性收缩,这个在期前收缩后出现的持续时间较长的舒张间歇期,称为代偿间歇。

【实验对象】

蛙或蟾蜍。

【实验器材与药品】

BL-420N 生物机能实验系统、张力换能器、刺激电极、蛙类手术器械一套、线、铁架台、双凹活动夹、滴管,任氏液等。

【实验方法与步骤】

1. 用刺蛙针破坏蛙的脑和脊髓。

2. 暴露心脏。

3. 连接仪器:在张力换能器一端的细线上连接蛙心夹,用蛙心夹于心舒期夹住心尖部 1 ~ 2mm, 并调节换能器的高度, 使细线保持与地面垂直并松紧适度, 将换能器另一端插头插入实验系统的"1 通道"。将刺激电极与心脏表面接触, 注意刺激电极无论在心室的舒张期还是收缩期都要与心脏接触。将刺激电极的另一端, 即输出电缆插头, 插入刺激输出插孔(图 2 - 14 - 1)。

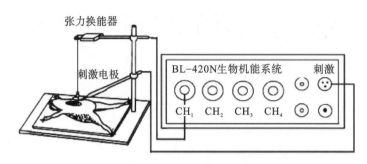

图 2 - 14 - 1   在体蛙心期前收缩实验连接装置

4. 启动 BL - 420N 机能实验系统, 在功能区"实验模块"中选择"循环系统", 在下拉菜单中选择"期前收缩 - 代偿间歇"实验。适当调节量程、扫描速度, 描记出合适心跳曲线。首先观察清楚心脏的收缩和舒张与曲线的上升支和下降支的关系。通常使心脏收缩时曲线为上升支, 舒张时为下降支。

在设置刺激器对话框中设置刺激强度为"3V"。右侧滚动条中的蓝色三角形用于标记刺激的具体部位, 是在曲线的上部、中部或者下部由此决定, 必须在心肌正常收缩曲线的范围之内。正式观察前, 先确认刺激器能否正常工作。方法:在心室舒张的中期或者晚期用已选定的刺激强度刺激心脏, 曲线要有变化, 然后进行实验。

【观察项目】

1. 记录正常心跳曲线, 观察心室收缩和舒张曲线。

2. 分别在心收缩期和舒张早期给予刺激, 观察曲线是否有变化。

3. 分别在心舒张中、晚期给予刺激, 观察曲线是否有变化。

【注意事项】

1. 破坏蛙的脑和脊髓要完全, 以免肢体的活动干扰曲线的记录。

2. 实验过程中, 应经常用任氏液湿润心脏。

3. 安放在心室上的刺激电极应避免短路。

4. 不要连续刺激心脏。

5. 检查是否有刺激输出, 可用刺激电极刺激蛙腹壁肌肉或大腿肌肉, 观察是否有收缩。

【实验讨论与思考】

1. 根据本次实验讨论期前收缩和代偿间歇产生的原因。

2. 心肌的有效不应期长有何生理意义？

3. 当心率过速或过缓时，期前收缩后是否会出现代偿间歇？为什么？

（苏　文）

实验十五　家兔减压神经放电

【实验目的】

用电生理方法引导减压神经放电,观察动脉血压变化与神经冲动的关系,理解压力感受器反射的生理意义。

【实验原理】

压力感受器反射也称减压反射,是维持血压相对稳定最重要的反射。当动脉血压升高或降低时,压力感受器的传入冲动也随之增加或减少,反射则相应增强或减弱,引起心率、心肌收缩力以及血管平滑肌发生相应变化,心输出量和血管阻力随之变化,从而调节动脉血压相对稳定。家兔主动脉弓压力感受器的传入神经在颈部单独成一束,称为主动脉神经或减压神经。

【实验器材与药品】

BL-420N 生物机能实验系统、兔手术台、哺乳动物手术器械一套、动脉夹、血压换能器、铁架台、双凹夹、保护电极、注射器、烧杯,生理盐水、肝素、肾上腺素、3% 戊巴比妥钠溶液(或 20% 的乌拉坦溶液)。

【实验对象】

家兔。

【实验方法与步骤】

1. 动物麻醉及固定:将 3% 的戊巴比妥钠溶液按 1mL/kg(或 20% 的乌拉坦溶液按 5mL/kg)的剂量从家兔耳缘静脉缓慢注入。待麻醉后,将其仰卧位固定在兔手术台上。

2. 动物手术:将家兔颈部剪毛后,切开皮肤 5~7cm,钝性分离皮下组织和肌肉后即可见到深层位于气管旁的血管神经束,仔细辨认并分离一侧减压神经和颈总动脉,并行颈总动脉插管,血压换能器连接 2 通道。之后分离另一侧颈动脉,并穿线备用(图 2-15-1)。

3. 放置电极:用备用线提起减压神经并搭在保护电极上。记录电极应悬空,不能触及周围组织,电极的另一端连接 1 通道。

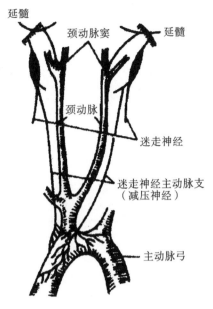

图 2 - 15 - 1　兔减压神经解剖示意图

4. 启动系统:开机启动 BL - 420N 生物机能实验系统,在功能区"实验模块"中选择"循环系统",在"循环系统"下拉菜单中选择"兔减压神经放电"实验。适当调节实验参数以获取最佳放电波形。

5. 参数设置。

(1)1 通道:观察减压神经放电。滤波 3.3Hz,量程为 5000,扫描速度 50ms/div,时间常数是 0.001s。

(2)2 通道:观察动脉血压。滤波 10Hz,量程为 50,扫描速度 1.0s/div,时间常数为 DC。

【观察项目】

1. 正常减压神经放电:波形显示区可显示伴随心律而群集性放电,3～5 次/s,电压 100～200μV;从监听器可听到如火车开动样"轰轰"声。

2. 压迫颈动脉窦:用手指在下颌角处沿颈总动脉走向向头侧深部压迫,观察对血压和神经冲动有何影响。

3. 夹闭颈动脉:夹闭未插管一侧的颈动脉,约 15s,观察对血压和神经冲动有何影响。

4. 注射肾上腺素:从耳缘静脉注射 0.01% 肾上腺素 0.2mL,观察对血压和神经冲动的影响。

【注意事项】

1. 手术或实验中应保护减压神经,勿牵拉过重,并注意保湿,可滴上石蜡油。

2.每一个实验项目结束后,应待血压恢复稳定后,再进行下一个实验项目的操作,以确保实验结果的准确性。

3.仪器和动物要良好接地。

【实验讨论与思考】

1.正常减压神经放电有何特征?

2.总结各项实验结果,并分析其机制。

(苏　文)

实验十六 家兔动脉血压的神经和体液调节

【实验目的】

用直接测量动脉血压的急性动物实验方法,观察某些神经和体液因素对动脉血压的调节作用。

【实验原理】

心脏和血管的活动受神经、体液和自身机制的调节而维持动脉血压的稳定。调节心脏活动的传出神经是心交感神经和心迷走神经。心交感神经兴奋可致心率加快,房室交界的传导加快,心房肌和心室肌的收缩能力加强,即"正性变时、变力、变传导"作用;而心迷走神经兴奋可致心率减慢,房室传导速度减慢,心肌收缩能力减弱,即"负性变时、变力、变传导"作用。支配血管的神经绝大多数属交感缩血管神经。交感缩血管神经兴奋时使血管收缩,外周阻力增加,同时由于容量血管收缩,静脉回流增加,心输出量亦增加。心血管活动最重要的反射性调节是压力感受器反射(又称减压反射)。动脉血压突然变化时,刺激颈动脉窦和主动脉弓压力感受器,传入冲动增多,通过反射改变心输出量和外周阻力,从而使动脉血压降低或回升。

心血管活动还受体液因素调节,肾上腺素和去甲肾上腺素是参与调节的两种重要的体液因素。肾上腺素可与 α 和 β 两类肾上腺素能受体结合。在心脏,肾上腺素与 β_1 肾上腺素能受体结合,产生正性变时作用和变力作用,使心输出量增加。在血管,肾上腺素的作用取决于血管平滑肌上 α 和 β_2 肾上腺素能受体的分布情况。在皮肤、肾、胃肠、血管平滑肌上,α 受体在数量上占优势,肾上腺素的作用是使这些器官的血管收缩;在骨骼肌和肝的血管,β_2 受体占优势,小剂量的肾上腺素常以兴奋 β_2 受体的效应为主,引起血管舒张,大剂量时也兴奋 α 受体,引起血管收缩。去甲肾上腺素主要与 α 受体结合,也可与心肌的 β_1 受体结合,但和血管平滑肌的 β_2 受体结合的能力较弱。静脉注射去甲肾上腺素,可使全身血管广泛收缩,动脉血压升高;血压升高又使压力感受性反射活动加强,压力感受性反射对心脏的效应超过去甲肾上腺素对心脏的直接效应,故心脏活动减弱。

【实验对象】

家兔。

【实验器材与药品】

BL-420N 生物机能实验系统、保护电极、婴儿秤、兔手术台、哺乳动物手术器械一套、动脉夹、动脉套管、血压换能器、铁架台、双凹夹、注射器、不同颜色丝线、生理盐水、肝素、肾上腺素、去甲肾上腺素、3%戊巴比妥钠溶液(或20%乌拉坦溶液)。

【实验方法与步骤】

1. 手术准备。

(1)麻醉并固定动物:将3%戊巴比妥钠溶液按1ml/kg(20%乌拉坦按5ml/kg)的剂量从家兔耳缘静脉缓缓注入将动物麻醉,然后将其仰卧固定于手术台上。注意观察动物肌张力、呼吸频率及角膜反射的变化,防止麻醉过深。固定时先将颈部放正。

(2)气管插管:颈部剪毛,于颈部正中纵向切开皮肤5~7cm,分离皮下组织和浅层肌肉,暴露并分离出气管,行气管插管术。在甲状软骨下1cm左右处用剪刀做横切口,再向头部方向剪断1~2个环状软骨,使切口呈倒"T"形。插入气管插管,用备好的线固定。

(3)分离颈部神经和颈总动脉:将气管两旁的肌肉拉开,于其深部找出并分离神经和颈总动脉。左侧分离减压神经和迷走神经,右侧只分离颈总动脉,各穿一不同颜色细线备用。注意分离神经和血管时需特别小心,勿剪破血管和拉断神经(具体方法见上篇第三章)。

2. 颈总动脉插管:结扎右颈总动脉远心端,在近心端夹一动脉夹以阻断血流,动脉夹与结扎处至少相距3cm,在结扎处的近端用眼科剪将动脉壁剪一斜口,向心脏方向插入连接血压换能器的动脉插管并结扎固定,以防滑脱流血。

3. 仪器连接及调试。

(1)将充满肝素生理盐水的血压换能器插头插入生物机能实验系统1通道。

(2)开机进入 Windows 操作系统,并启动 BL-420N 生物机能实验系统。

(3)在功能区"实验模块"中选"循环系统"中的"动脉血压调节"实验项目。

(4)适当调节量程和扫描速度及刺激参数等。

4. 记录动脉血压:检查实验装置完备后,先打开动脉插管与血压换能器间三通管上的开关,继之徐徐开放动脉夹,可见血液由动脉内流入动脉插管,即可在电脑荧屏上显示出动脉血压曲线(图2-16-1),并可通过打印机打印实验结果。

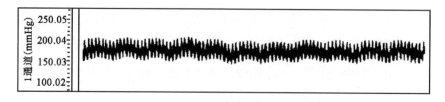

图2-16-1 动脉血压波形图

【观察项目】

1. 观察正常血压曲线:动脉血压随心室的收缩和舒张而变化,心室收缩时血压上升,心室舒张时血压下降,血压随心动周期而变化的波动称为"一级波"(心搏波);动脉血压亦随呼吸而变化,吸气时血压先下降,后上升,呼气时血压先上升,后下降,这种波动称"二级波"(呼吸波),其频率与呼吸频率一致;有时可见一种低频率的缓慢活动,称为"三级波",可能与心血管中枢的紧张性周期有关。

2. 牵拉颈总动脉:手持右侧颈总动脉残端结扎线,向心脏方向轻轻有节奏的往复牵拉,每秒 2 ~ 5 次,持续 5 ~ 10s,观察血压变化。

3. 夹闭颈总动脉:用动脉夹夹闭左侧颈总动脉 5 ~ 10s,观察血压变化。

4. 刺激减压神经:用中等强度(刺激强度 3 ~ 5V)的连续电脉冲刺激减压神经,观察对血压的影响。

5. 刺激迷走神经:结扎并剪断左侧迷走神经,亦用中等强度(刺激强度 3 ~ 5V)的连续电脉冲刺激刺激其外周端,观察血压变化。

6. 静脉注射去甲肾上腺素:由耳缘静脉注射 0.01% 去甲肾上腺素溶液 0.2mL,观察血压变化。

7. 静脉注射肾上腺素:由耳缘静脉注射 0.01% 肾上腺素溶液 0.2mL,观察血压变化。

【注意事项】

1. 分离减压神经与迷走神经时操作要轻巧,切勿用力牵扯神经。

2. 每项实验后,应等血压基本恢复并稳定后再进行下一项。

【实验讨论与思考】

1. 支配心脏、血管的神经有哪些? 主要参与血压调节的是什么反射? 此反射如何调节动脉血压?

2. 肾上腺素与去甲肾上腺素对心血管系统的作用有何不同? 为什么?

(苏　文)

实验十七　蛙心灌流

【实验目的】

描记离体心脏活动曲线,观察 Na^+、K^+、Ca^{2+} 以及肾上腺素、乙酰胆碱、乳酸、$NaHCO_3$ 等因素对离体心脏功能活动的影响,以验证心脏的正常活动有赖于内环境的相对稳定。

【实验原理】

离体心脏在无神经支配情况下,在适宜的液体环境中,仍能维持一定时间的节律性跳动。心脏自律性及收缩性的维持需要有一个适宜的理化环境,如氧和营养物质的供应、无机盐离子浓度、酸碱度、渗透压和温度等。在整体条件下,心脏活动还受神经和体液的调节。

【实验器材及药品】

BL-420N 生物机能实验系统、张力换能器、蛙类手术器械一套、蛙心灌流套管、万能支架、乳头吸管、棉球、丝线、小烧杯、任氏液、0.65% NaCl、2% $CaCl_2$、1% KCl、0.01% 肾上腺素、0.01% 乙酰胆碱、3% 乳酸、2.5% $NaHCO_3$。

【实验对象】

蛙或蟾蜍。

【实验方法与步骤】

1. 破坏蛙的脑和脊髓,暴露心脏,小心剥离大血管周围的系膜和心包膜。

2. 仔细识别心房、心室、动脉圆锥、主动脉、静脉窦和前后腔静脉等(见实验十三,图4-13-1)。

3. 结扎右主动脉,在主动脉干下穿一根线,将心脏翻至背面,结扎前腔静脉、后腔静脉和左肺静脉、右肺静脉(注意勿扎住静脉窦)。使心脏回到原位,在左主动脉下穿两根线,用一根线结扎左主动脉远心端,另一根线打虚结。在左主动脉上靠近动脉圆锥处剪一斜口,将盛有少量任氏液的蛙心插管插入主动脉,插至动脉圆锥时略向后退,在心室收缩时,向心室后壁方向下插,经主动脉瓣插入心室腔内,将线结扎并固定于插管侧面的小突起上。

4. 提起插管,在结扎线远端分别剪断左主动脉、右主动脉、左肺静脉、右肺静脉、前腔静脉、后腔静脉,将心脏离体。用吸管吸净插管内余血,加入新鲜任氏液,反复数次,直至液体完全澄清,保持灌流液面高度为 1 ~ 2cm。

5. 将插管固定支架上,用蛙心夹在心脏收缩时夹住蛙心尖,并连接张力换能器和 BL - 420N 生物机能实验系统 1 通道(图 2 - 17 - 1),启动计算机,进入 BL - 420N 生物机能实验系统,在功能区"实验模块"中选择"循环系统"中"蛙心灌流"实验项目,开始实验。根据波形显示窗口中显示的波形,适当调节量程和扫描速度以获得最佳的效果。

【观察项目】

1. 描记正常蛙心收缩曲线:观察幅度、频率和基线等。

2. 观察各种离子及化学物质对心脏活动的影响。

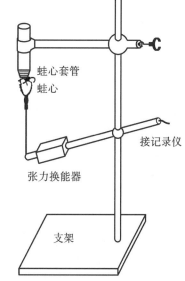

图 2 - 17 - 1　描记离体蛙心收缩曲装置

(1)吸出插管全部灌流液,换入 0.65% NaCl,观察心缩曲线变化,待效应明显后,吸出灌流液,用新鲜任氏液换洗 3 次,直至心缩曲线恢复正常。

(2)加入 1 ~ 2 滴 2% $CaCl_2$ 于灌流液中,观察心缩曲线的变化,出现效应后,用新任氏液换洗至曲线恢复正常。

(3)加入 1 ~ 2 滴 1% KCl 于灌流液中,待效应出现后,用任氏液换洗至曲线恢复正常。

(4)加入 1 ~ 2 滴 0.01% 肾上腺素于灌流液中,待效应出现后,用任氏液换洗至曲线恢复正常。

(5)加入 1 滴 0.01% 乙酰胆碱于灌流液中,待效应出现后,用任氏液换洗至曲线恢复正常。

(6)加入 1 ~ 2 滴 2.5% $NaHCO_3$ 溶液于灌流液中,观察曲线变化,待效应明显后,换液、冲洗,直至曲线恢复正常。

(7)加入 1 ~ 2 滴 3% 乳酸溶液于灌流液中,观察曲线变化,待效应明显,再加 1 ~ 2 滴 2.5% $NaHCO_3$,观察曲线变化。

实验操作步骤见图 2 - 17 - 2。

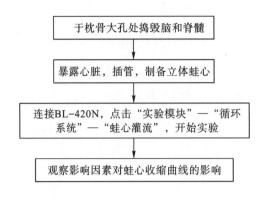

图 2-17-2 蛙心灌流实验步骤

【注意事项】

1. 每次换液时,必须用任氏液冲洗 3 次以上,直至恢复到正常收缩曲线时,再进行下一项实验。

2. 每次加药后应使液面保持相同的高度。

3. 随时滴加任氏液于心脏表面使之保持湿润。

4. 固定换能器时,头端应稍向下倾斜,以免自心脏滴下的液体流入换能器内。

【实验讨论与思考】

1. 离体蛙心为什么会有节律性跳动?

2. 实验过程中灌流管的液面为什么都应保持相同的高度?

3. 分析钾离子、钠离子、钙离子等因素对蛙心收缩曲线有何影响,其可能的机制是什么?

4. 分析乙酰胆碱、肾上腺素、乳酸等因素对蛙心收缩曲线有何影响,其可能的机制是什么?

(刘海梅)

实验十八　人体动脉血压的测量

【实验目的】

学习使用袖带法测量动脉血压的原理和方法,并观察体位变化对血压的影响。

【实验原理】

动脉血压是动脉血液对血管壁的侧压力,是血液动力学重要指标之一,测量动脉血压具有重要临床意义。人体动脉血压的测量是用充气的橡皮袖带,由体外加压到足以使其下面深部动脉压闭的程度,然后放气,逐步降低袖带内压。当袖带内压等于或略低于动脉最高压力时,血流以湍流形式通过压闭区进入远端血管,于是用听诊器于心缩期可在远侧血管壁听到震颤音,并可触及脉搏,此时袖带内压即为收缩压。继续缓慢放气,袖带内压逐渐下降,当其内压等于或略低于舒张压时,血管处于完全张开状态,失去造成湍流的因素而无声响,此时袖带内压为舒张压。收缩压与舒张压均可由血压计的检压部分测出,以毫米汞柱(mmHg)为单位表示。

【实验对象】

人。

【实验器材】

人用诊察床、枕头、水银血压计、听诊器。

【实验步骤与观察项目】

1. 熟悉血压计的结构。血压计有不同种类,常用的有水银血压计、表式血压计和数字式血压计。水银血压计由袖带、橡皮球和测压计三部分组成。本实验采用水银血压计,使用时先驱净袖带内的空气,打开水银柱根部的开关。

2. 测量动脉血压。

(1)测压前,让受试者静坐 10～15min,排除活动、精神因素对血压的可能影响。

(2)待受试者身体放松、呼吸平稳、情绪稳定后,让受试者脱去外衣,只穿宽松单内衣。受试者裸出右臂,前臂平伸,置于检查桌上,其上臂中段与心脏必须处在同一水平。

（3）测试者将血压计袖带缠在受试者距肘窝上方 2～3cm 处，不能缠得太紧，但也不能缠得过松，以能够在袖带下放入两个手指为度（图 2 – 18 – 1）。

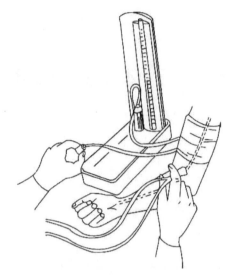

图 2 – 18 – 1　使用袖带法测定动脉血压

（4）用指触摸肘窝肱动脉，在搏动最明显处放置听诊器胸件，并用左手轻压听诊器胸件。

（5）右手握住橡皮球，并用右拇指和食指，顺时针方向扭动橡皮球的螺旋，以关闭排气阀门；然后连续多次挤橡皮球，可见检压计的水银柱不断上升，当其液面停止上下波动时，加压使其再上升 40mmHg，然后，按逆时针方向扭动橡皮球螺旋，轻轻打开活门放气，检压计水银柱逐渐下降。当通过听诊器听到微弱、清晰的短促声时，水银柱液面的高度代表收缩压。

（6）继续由活门放气，压力缓慢下降，听诊的声音由弱到强然后又由强变弱时的血压为舒张压。

3. 观察体位对动脉血压的影响：让受试者平卧在诊察床上，5～10min 后参照上述方法测量动脉血压，比较卧位法与坐位法测得血压的差异。

实验步骤见图 2 – 18 – 2。

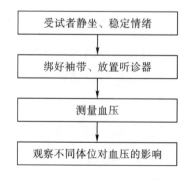

图 2 – 18 – 2　人体动脉血压测定的实验步骤

【注意事项】

1. 本实验以坐位法为主,部分同学可同时进行卧位法的血压测量,并比较、观察体位对血压的影响。

2. 为了减少测量引起的误差,每位受试者必须被测试者检测两次以上。

3. 橡皮球加压的时间不能太长,尤其当水银柱高度在收缩压以上时应尽快放气降压,以免受试者前臂长时间缺血或无血,引起组织缺氧受损或麻木等异常感觉。

4. 不论采用什么方法测量血压,测量部位与心脏必须在同一水平。

5. 如果血压超过正常范围,让受试者休息10min后再次测量。

【实验讨论与思考】

1. 左、右臂肱动脉血压以及坐位、卧位血压是否完全一致? 为什么?

2. 测量血压时,为什么听诊器的胸件不能放在压脉带下?

3. 测量血压时,将检压计水银柱充气到多大压力为宜,为什么?

4. 为什么不能在短时间内反复多次测量血压?

5. 动脉血压的测量受哪些因素影响?

6. 测量动脉血压时,双侧上臂血压是否一致?

（刘海梅）

▶▶ 实验十九　运动前后人体动脉血压和心率的测定 ◀◀

【实验目的】

掌握人体安静时心率和动脉血压的测定方法,观察运动前后心率和动脉血压的变化。

【实验原理】

临床上常用上臂的肱动脉血压代表主动脉血压。测量血压的方法见实验十八。心率是指心脏每分钟跳动的次数,可用听诊器在心前区直接计数或通过脉搏率来间接计算得到。运动时,交感神经兴奋,心脏活动增强,心率加快,心肌收缩力增强,心输出量增加,血压升高,但收缩压和舒张压升高幅度不一样。

【实验对象】

人。

【实验器材】

听诊器、水银血压计。

【实验方法与步骤】

1.熟悉血压计:血压计由测压计、橡皮球和袖带组成。使用时打开水银柱底部开关,可先关闭橡皮球的排气阀门,使用橡皮球稍加压,观察水银柱是否上升,检查气路是否漏气。

2.测量动脉血压前的准备事项。

(1)受试者一般取坐位,必要时取卧位。脱去一侧上臂衣袖,伸直肘部,手掌向上。注意不管是坐位还是卧位,手臂位置(肱动脉)应与心脏在同一水平,坐位时平第四肋,卧位时平腋中线。

(2)将袖带缠在上臂肘横纹上 2~3cm 处,松紧适度。

(3)在肘窝内侧用手触及肱动脉搏动部位,把听诊器胸件放置其上。

(4)旋松橡皮球上的螺丝帽,挤出袖带内残留气体再旋紧螺丝帽。

3.测量动脉血压:方法见实验十八。

4.计算心率:可通过心前区听诊或计算脉搏率来计算心率。心前区听诊一般是把听诊器放置在心尖部即左侧锁骨中线第五肋间稍内侧。

【观察项目】

将观察结果记录在表2-19-1中。

表2-19-1　观察记录表

观察指标	运动前	运动后		
		15min	0min	5min
心率(次/min)				
收缩压(mmHg)				
舒张压(mmHg)				

【注意事项】

1.实验室内应保持安静,以免影响听诊。

2.在测量血压过程中,用气囊充气或放气不宜过快或过慢。

3.在第一次测量前,被测试者应休息10min左右。测量结束后休息至少30s后,再重复测量同侧或对侧上肢的血压,并将两次的数值进行平均。

4.血压计在使用后应将其倾斜45°以上,使水银流回水银槽瓶中后再合上。

【实验讨论及思考】

运动后血压和心率有何变化? 分析其原因。

（闫福曼）

实验二十　兔膈肌放电

【实验目的】

观察和记录家兔在体膈肌的放电，以加深对呼吸肌节律来源的认识。

【实验原理】

脑干呼吸中枢的节律性活动通过膈神经和肋间神经下传到膈肌和肋间肌，从而产生节律性呼吸运动。因此，膈神经和膈肌的放电频率均能反映吸气中枢的兴奋状态。

【实验对象】

家兔。

【实验器材与药品】

BL-420N 生物机能实验系统、哺乳类动物手术器械一套、不锈钢针插入式引导电极、电极固定架、注射器、玻璃分针，3% 戊巴比妥钠溶液（或 20% 乌拉坦溶液）等。

【实验方法与步骤】

1. 麻醉与固定动物：将 3% 戊巴比妥钠溶液按 1mL/kg（或 20% 乌拉坦溶液按 5ml/kg）的剂量从耳缘静脉缓缓注入将动物麻醉，然后将其仰卧固定于手术台上。

2. 手术。

（1）颈部手术：颈部备皮，做颈部正中切口，切开皮肤并依次分离颈部各层组织，分离气管，行气管切开插管术。

（2）分离神经：分离两侧迷走神经，穿线备用。

（3）暴露膈肌：剪去胸腹交界处的兔毛，在剑突上方，沿正中线纵行切开皮肤 2～3cm，钝性分离皮下组织及腹肌，暴露剑突。将剑突上翻并缝合于皮肤上，以暴露剑突背侧的膈肌。

3. 引导膈肌放电：将两根不锈钢针引导电极平行插入膈肌内，并分别与引导电极相连。

4. 仪器连接及参数调试。

（1）安装电极：在一通道的输入接口上安装好肌电引导电极插头。

（2）通道选择：用鼠标左键点击工具区中的"信号选择"按钮,然后选择"1通道",在子菜单中选择"肌电"菜单项后,点击"开始"按钮记录膈肌放电。

（3）数据分析：用鼠标右键单击1通道"波形显示区",在出现的快捷菜单中点击"分析"命令,在下拉菜单中选择"积分",启动积分分析功能,系统会自动插入一个灰色背景的积分分析通道。

（4）调整参数：根据信号窗口中显示的波形,适当调整实验参数以获取最佳实验效果。

（5）监听声音：将音箱导线插头插入监听接口以便监听。

【观察项目】

1.观察正常的胸廓呼吸运动与膈肌放电曲线的关系,注意膈肌放电形式及其通过监听器所发出的声音的性质,并记录其积分曲线。若结果理想,即可打印结果(图2-20-1)。

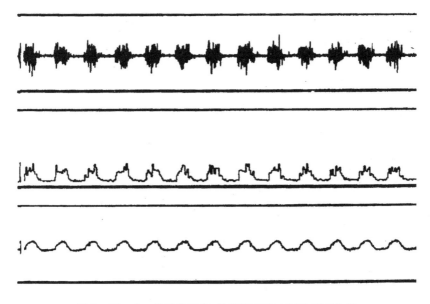

图2-20-1　兔膈肌放电、放电频率直方图及呼吸曲线

2.在一侧气管上连接长橡皮管,增大无效腔,观察膈肌放电。

3.在肺牵张反射发生时对膈肌放电进行观察。于气管插管的一侧管上,用细乳胶管连接30mL注射器,观察一段呼吸运动。在吸气末相,夹闭另一侧管,立即将注射器内20mL空气迅速注入肺内,使肺处于扩张状态,观察此时呼吸运动和膈肌放电有何变化。休息片刻,待呼吸平稳后,于呼气相之末,夹闭另一侧管,立即用注射器抽取肺内气体15~20mL,使肺处于萎缩状态,观察呼吸运动和膈肌放电的变化。

4. 观察迷走神经在呼吸运动中的作用:描记一段对照呼吸曲线,先切断一侧迷走神经,观察呼吸运动和膈肌放电有何变化;再切断另一侧迷走神经,观察呼吸运动和膈肌放电又有何变化。在切断两侧迷走神经后重复上述向肺内注气或从肺内抽气的实验,观察呼吸运动和膈肌放电是否改变。

【注意事项】

1. 注意保持呼吸道通畅。

2. 暴露膈肌时,切口不可太靠上,勿损伤胸壁。插肌电引导电极时,不可插向深面,以免引起气胸。插引导电极应尽量一次成功,反复穿刺易导致血肿和肌损伤而影响肌电引导。

3. 用注射器抽肺内气体时,切勿过多,以免引起动物死亡。

【实验讨论与思考】

1. 分析各项实验结果,了解膈肌放电与呼吸运动的关系。

2. 膈肌放电与迷走神经之间有什么关系? 试述肺牵张反射的过程及其生理意义。

(徐进文)

实验二十一　呼吸运动的调节

【实验目的】

通过描记呼吸运动曲线,观察各种因素对呼吸运动的影响。

【实验原理】

呼吸运动具有节律性,这种节律性活动主要来源于延髓和脑桥呼吸中枢,亦受体内外各种因素的影响。呼吸中枢可接受各种感受器传入冲动,通过反射,影响呼吸运动和肺通气量,如化学感受性反射、肺牵张反射和呼吸肌本体感受性反射等。

【实验对象】

家兔。

【实验器材与药品】

BL-420N 生物机能实验系统、张力换能器,哺乳类动物手术器械一套、兔手术台、充有 CO_2 的气囊、钠石灰瓶、50cm 长橡皮管、小烧杯、带短胶套管的气管插管、注射器(5mL 和 1mL)、纱布,3% 戊巴比妥钠溶液(或 20% 乌拉坦溶液)、生理盐水等。

【实验方法与步骤】

1.麻醉和固定动物:将 3% 戊巴比妥钠按溶液 1mL/kg(或 20% 乌拉坦按溶液按 5ml/kg)的剂量自耳缘静脉缓慢注入,待动物麻醉后将其仰卧固定于手术台上,剪去颈部的毛。

2.颈部手术:沿颈部正中将皮肤切开 5~7cm,用止血钳钝性分离气管,在甲状软骨以下剪开气管,插入"Y"形气管插管并结扎固定。

3.在颈部分离出两侧迷走神经,在神经下穿线备用。手术完毕后用热生理盐水纱布覆盖手术伤口部位。

4.连接仪器:切开胸骨下端剑突部位的皮肤,用小弯钩钩住腹壁肌肉,并通过连线连接张力换能器,上移换能器并固定,将换能器的另一端与生物机能实验系统前面板 1 通道相连。

5.开机进入 BL-420N 生物机能实验系统,在功能区"实验模块"中选择"呼吸系统"中"呼吸运动调节"实验,适当调节量程、扫描速度等参数以获得最佳实验效果。

【观察项目】

1.观察正常呼吸曲线:待动物呼吸等功能状态稳定后描记正常呼吸运动曲线,辨清曲线与呼吸运动的关系。

2.观察缺氧时呼吸运动的变化:将气管插管的侧管通过橡皮管与装有钠石灰的瓶子相连(随着呼吸的进行瓶中的 O_2 逐渐减少;动物呼出的 CO_2 可被钠石灰吸收),观察动物缺氧时呼吸运动的变化情况。

3.观察增加吸入气体中的 CO_2 浓度时呼吸运动的变化:将充有 CO_2 的气囊管口对准气管插管的一个侧管(二者有一定的距离,用一烧杯将两个管口罩住),另一侧夹闭,并逐渐松开气囊的夹子,使 CO_2 气流缓慢地随吸入气体进入气管。观察高浓度 CO_2 对呼吸运动的影响。然后夹闭 CO_2 气囊,观察呼吸运动的恢复过程。

4.观察增大无效腔后呼吸运动的变化:将 50cm 长的橡皮管连接在侧管上,使家兔通过长管呼吸。观察一段时间后动物的呼吸变化。

5.观察迷走神经在呼吸运动中的作用:描记一段正常呼吸曲线后,切断一侧迷走神经,观察呼吸运动曲线的变化。再切断另一侧迷走神经,观察呼吸运动曲线的变化。然后用中等强度的电流刺激(参考:连续刺激、强度约 3V、波宽 1~2ms)作用于一侧迷走神经中枢端,观察呼吸运动曲线的变化。

【注意事项】

1.观察呼吸运动的变化应包括其频率和幅度的变化。

2.每个项目观察前均应有正常呼吸曲线作为对照。

3.每个实验项目结束后,要待呼吸运动恢复正常后才可开始下个实验项目。每个项目观察时间不宜过长,当呼吸运动曲线有变化后立即停止刺激。

【实验讨论与思考】

1.试分析吸入气中 CO_2 含量增多和缺氧对呼吸的调节途径。

2.何谓肺牵张反射?切断颈部两侧迷走神经后肺牵张反射能否再出现?为什么?肺牵张反射有何生理意义?

(徐进文)

实验二十二　胸内负压的测定与气胸的观察

【实验目的】

观察胸内负压值及其在呼吸运动时的变化,同时观察人工气胸时胸内负压消失的情况。

【实验原理】

平静呼吸时,胸膜腔内压力通常低于大气压,称为胸内负压。胸内负压随呼吸运动而发生变化。一旦胸膜腔与外界相通,造成开放性气胸,此时胸内负压消失。如果将连接水检压计的粗注射针头插入胸膜腔内,胸内负压值可由水检压计内的水柱高度显示出来。

【实验对象】

家兔。

【实验器材】

哺乳类动物手术器械一套、兔手术台、注射器、连有长胶管的水检压计(胶管另一端带有粗注射针头),3%戊巴比妥钠溶液(或20%乌拉坦溶液)。

【实验方法与步骤】

1. 麻醉和固定动物:将3%戊巴比妥钠按1mL/kg(或20%乌拉坦溶液按5mL/kg)的剂量自耳缘静脉缓慢注入,待动物麻醉后,将其仰卧固定于手术台上,剪去颈部的毛。

2. 颈部手术:沿颈部正中切开皮肤5~7cm,用止血钳钝性分离气管,在甲状软骨以下剪开气管,插入"Y"形气管插管并结扎固定。

【观察项目】

1. 观察胸内负压:先检查连有水检压计长胶管的粗注射针头是否通畅,连接处是否漏气,然后在家兔右前胸剪去兔毛,在右腋前线第4~5肋间沿肋骨上缘垂直将针头刺入胸膜腔内。如检压计的水柱面随呼吸运动上下移动,即表示针头已插入胸膜腔内。分别记下平静呼吸时吸气末和呼气末胸内负压数值。

2.观察气胸和肺萎缩:剪开上腹部腹壁,把胃肠推向一侧,透过膈肌观察肺随呼吸一张一缩情况,然后剪开膈肌一小孔,造成开放性气胸,观察肺萎缩和胸内负压消失情况。

【注意事项】

1.将针头插入胸膜腔时,先用较大力量穿过皮肤,然后控制力量,用手指抵住胸壁,以防插入过深过猛而伤及肺组织。

2.如果针头刺入胸壁已相当深,仍未见水柱波动,这时应将针头转动一下,如仍无效,应拔出针头,检查针头是否被组织碎片或血块堵塞,疏通后重做。

【实验讨论与思考】

1.平静呼吸时,为什么胸膜腔内压始终低于大气压?

2.由于贯通伤而造成气胸时,呼吸会有何变化?为什么?

3.设计一个实验方案,使胸膜腔内压大于大气压。

(徐进文)

实验二十三　人肺活量测定

【实验目的】

学习应用电子肺活量计测定人肺活量,掌握人肺活量的正常值。

【实验原理】

肺活量是指尽力吸气后再尽力呼气所能呼出的最大气量,等于潮气量、补吸气量和补呼气量之和。肺活量有明显的个体差异性,同年龄、性别、身材、体位和呼吸肌强弱等因素有关。正常成年男性肺活量平均约为3500mL,女性约为2500mL。肺活量是测定肺功能的常用指标,反映了肺一次通气的最大潜能。病理情况下,如肺纤维化、肺结核、肺不张、胸膜炎或气胸等,可出现不同程度的肺活量减小。

【实验对象】

人。

【实验器材】

电子肺活量计、一次性塑料吹嘴、鼻夹、酒精棉球。

【实验方法与步骤】

1.接通电源,当电子肺活量计液晶屏显示"0"时,即进入工作状态。

2.将进气软管一端接仪器进气口,另一端插塑料吹嘴。测试者取站立位,用鼻夹夹住受试者鼻子,使其用口呼吸。嘱受试者用手握住塑料吹嘴下端,先尽力深吸气至最大限度,然后嘴部贴紧吹嘴,向仪器内吹气,直至体内的气体吹尽(不可二次吹气或一吹一吸)。此时,显示器上所反映的数值即为测试者的肺活量值。

3.按上述方法连续测3次,取平均值。

【注意事项】

1.使用前应检查进气软管是否有漏气现象。

2.仪器稳定归零后再进行测量。

3.吹气过程不能过快、用力过猛,尽量一气呵成,中间不要有停顿。

【实验讨论及思考】

1. 什么是肺活量？肺活量和肺容量有什么关系？

2. 肺活量是否能充分反映气道的通畅程度和肺的弹性状态？

3. 如何提高肺活量？

（闫福曼）

实验二十四　胃肠运动的观察

【实验目的】

观察家兔在浅麻醉状态下胃肠的运动形式,以及某些神经、体液因素对消化管运动的影响。

【实验原理】

胃肠运动的形式有蠕动、紧张性收缩和分节运动等。在人体内,消化管运动受神经和体液因素调节。交感神经可抑制胃肠运动,副交感神经可促进胃肠运动。一些体液因素也影响胃肠运动,如乙酰胆碱、促胃液素等可促进胃肠运动,肾上腺素、阿托品和生长抑素等可抑制胃肠运动。

【实验对象】

家兔。

【实验器材与药品】

电刺激器、保护电极、哺乳类动物手术器械一套、注射器,0.01% 肾上腺素、0.01% 乙酰胆碱、台氏液、阿托品注射液、3% 戊巴比妥钠溶液(或 20% 乌拉坦溶液)等。

【实验步骤】

1. 麻醉和固定动物:实验前 2h 给兔喂饲料。实验时,将 3% 戊巴比妥钠按 1mL/kg(或 20% 乌拉坦溶液按 5mL/kg)的剂量自耳缘静脉缓慢注入,待动物麻醉后,将其仰卧固定于手术台上,剪去颈部的毛。

2. 颈部手术:沿颈部正中切开皮肤 5~7cm,用止血钳钝性分离气管,在甲状软骨以下剪开气管,插入"Y"形气管插管并结扎固定。

3. 暴露胃肠:将已麻醉固定于手术台上的家兔的腹部毛剪去,自剑突下沿腹正中线切开腹壁,打开腹腔,暴露胃及小肠。

4. 分离迷走神经:在膈下食管的末端找出迷走神经的前支,穿线备用。

【观察项目】

1. 观察正常情况下胃肠运动的形式,注意胃的蠕动、紧张性和小肠的蠕动、分节运动。

2. 于胃肠表面滴 0.01% 乙酰胆碱 5～10 滴,观察胃肠运动变化。待反应明显后,立即用温热生理盐水冲洗干净。

3. 于胃肠表面滴 0.01% 肾上腺素 5～10 滴,观察胃肠运动的变化。待反应明显后,立即用温热生理盐水冲洗干净。

4. 重复电刺激(串刺激)迷走神经,观察胃肠运动的变化。若找不到膈下迷走神经,也可电刺激左颈部迷走神经外周端代替。若反应不明显,可增加刺激强度,并反复刺激直至反应明显。

5. 从耳缘静脉注射阿托品 1～2mg,再重复观察项目4,观察胃肠运动有无加强。

【注意事项】

1. 麻醉动物要注意保温;电刺激强度要适中。

2. 为避免胃肠暴露时间过长,腹腔温度降低以及干燥而影响胃肠运动,应随时用温热的台氏液湿润胃肠。

【实验讨论及思考】

1. 实验观察项目中,哪些因素可使胃肠运动加强?哪些因素可使胃肠运动减弱?

2. 胃肠运动有哪些形式?各有何生理意义?

(徐进文)

实验二十五　影响尿生成的因素

【实验目的】

观察不同因素对尿量的影响,加深对尿生成调节的理解。

【实验原理】

尿生成包括三个基本过程:①肾小球滤过;②肾小管和集合管的重吸收;③肾小管和集合管的分泌。凡影响上述任何一个环节的因素,均可影响尿的生成。

【实验对象】

家兔。

【实验器材与药品】

BL-420N生物机能实验系统、压力换能器、输尿管插管、记滴导线、酒精灯、培养皿、试管和试管夹、解剖剪、止血钳、玻璃分针、动脉夹,3%戊巴比妥钠溶液(或20%乌拉坦溶液)、肝素、50%葡萄糖注射液、0.01%去甲肾上腺素、垂体后叶素、呋塞米(速尿)注射液、酚红注射液、10% NaOH溶液、本尼迪克特试剂(曾称班氏试剂)等。

【实验方法与步骤】

1. 麻醉与固定:为家兔称重,沿耳缘静脉的远心端按先快后慢注射3%戊巴比妥钠溶液按1mL/kg(或20%乌拉坦溶液按5mL/kg)体重对动物进行麻醉。麻醉后,将家兔以仰卧位固定于手术台上。

2. 颈部手术:切开气管并插管。分离右侧颈总动脉,插入动脉插管,记录血压,分离左侧迷走神经,穿线备用。

3. 输尿管插管:在耻骨联合上缘,沿正中线做一条5~6cm长的纵切口,沿腹白线切开并分离腹壁各层,将手伸入腹腔下部,找到膀胱并将其向下翻转至腹外,暴露膀胱三角,辨认并分离双侧输尿管。分别穿线将输尿管近膀胱端结扎,在线结上方输尿管近肾端剪一斜切口,以一充满生理盐水的输尿管插管向肾侧插入,穿线结扎固定。随后可见尿液从输尿管插管慢慢流出,将左、右两输尿管插管缚在一起,连至记滴器上,记录尿量(滴/min)。手术完毕后,用温生理盐水纱布覆盖腹部创口。注意在插管时不要使输尿管扭转,以免妨碍尿液流出。

4. 仪器连接。

(1)在 1 通道的输入接口上安装好血压传感器,并将该传感器与兔动脉插管相连。

(2)启动 BL-420N 生物机能实验系统,在功能区选择"实验模块"中的"泌尿系统",在子菜单中选择"影响尿生成的因素"实验。

(3)根据信号窗口中显示的波形,适当调整实验参数,以获取最佳实验效果。

【观察项目】

1. 经耳缘静脉迅速注射 37℃生理盐水 15~20mL,观察血压和尿量变化。

2. 结扎并剪断一侧颈部迷走神经,以中等强度(3~5V)连续电刺激其外周端 30s,观察血压和尿量的变化。

3. 静脉注射 0.01% 去甲肾上腺素 0.2mL,观察血压和尿量的变化。

4. 先收集两滴尿液进行尿糖定性试验作为对照,再由耳缘静脉注射 50% 葡萄糖2mL,观察尿量的变化,尿量明显增多时,再收集两滴尿液进行尿糖定性试验,并与之前的实验结果进行对比。

5. 经耳缘静脉注射 0.1% 呋塞米(速尿)4mL 或 2mL/kg,观察血压和尿量的变化。

6. 经耳缘静脉注射垂体后叶素 2U,观察血压和尿量的变化。

7. 经耳缘静脉注射 0.6% 酚红注射液 0.5mL,用盛有 10% NaOH 的培养皿接尿液。如果尿中有酚红溶液排出,遇 NaOH 则呈红色,观察并计算从注射酚红到排出酚红所需的时间。

8. 分离一侧股动脉并插管放血(或做左侧颈总动脉插管),松开动脉夹放血,使血压迅速下降,观察并记录血压和尿量的变化。

[注]尿糖定性试验方法:用试管装本尼迪克特试剂 1mL,加入尿液 2 滴,在酒精灯上加热至沸腾,冷却后观察试液颜色的变化。如果试液由蓝绿色转为混浊的黄或砖红色,表示尿糖呈阳性。

【注意事项】

1. 实验前给家兔多喂些青菜和水,以增加基础尿量。

2. 实验中需要多次进行耳缘静脉注射,应首先从耳缘静脉远心端(即耳尖)开始注射,逐步移向耳朵根部。

3. 每项观察前、后均需有对照血压和尿量记录。

4. 进行输尿管插管时,操作要轻,不能过度牵拉输尿管,避免出血和输尿管痉挛。

【实验讨论与思考】

1. 分析各项实验结果。

2. 动脉血压的变化同尿量之间有什么关系?

3. 本实验中哪些因素通过影响肾小球滤过率而影响尿量? 哪些因素通过影响肾小管重吸收和分泌而影响尿量? 神经和体液调节的机制是什么?

（张亚星）

实验二十六 小鼠脊髓半横切的观察

【实验目的】

观察动物脊髓半横断损伤后的表现,以证明脊髓的传导功能;比较损伤水平以下两侧肢体运动和感觉的不同。

【实验原理】

脊髓不仅是机体的低级反射中枢,可以完成一些简单的反射,如血管张力反射、排便反射和发汗反射等,它还是感觉和运动的传导通路,其中感觉传导途径又分为浅感觉传导途径和深感觉传导途径。浅感觉传导特征是先交叉后上行,而深感觉传导特征则是先上行后交叉。因此,当脊髓半离断时,在离断的对侧出现浅感觉障碍,同侧发生深感觉障碍。此外,还会出现同侧的运动麻痹,临床上称之为脊髓半切综合征。

【实验对象】

小鼠。

【实验器材】

常规小动物手术器械一套、大头针、小镊子、干棉球、蛙板。

【实验方法与观察项目】

1. 观察小鼠正常活动时四肢动作情况:将小鼠放于实验桌上,先用针刺其后肢脚趾,观察其有何反应。再用烧热的玻璃针烫其足部,观察小鼠是否转头尖叫。

2. 手术:将小鼠四肢固定,以拇指和食指摸清小鼠浮肋,以此为标志,剪去背部的毛,沿背中线剪开皮肤约2cm,暴露1~3节段腰椎棘突,用手术刀切开棘突两侧及椎骨间的肌腱,用镊子和棉花球分离肌肉,暴露椎骨。轻夹住其中一节腰椎,用小镊子夹去或用扁头小骨剪剪去其棘突和全侧椎弓,暴露出白色的脊髓约2mm。以脊髓后静脉为标志,用大头针将一侧脊髓横切断,以生理盐水棉球覆盖伤口。

3. 松开缚绳,将小鼠放于实验桌上,观察以下项目。

(1)缩腿反射:用针刺小鼠伤侧后肢脚趾,观察是否出现缩腿反射;再刺其健侧后肢脚趾,比较两后肢反应有何不同。

(2)随意运动:让小鼠在桌上爬行,观察其后肢有无瘫痪现象及哪一侧瘫痪。

(3)痛觉:将玻璃针烧热,然后烫小鼠伤侧足部,观察小鼠的反应;再烫其健侧足部,观察反应有何不同,注意是否有回头尖叫。

(4)将小鼠另一侧脊髓也横切断,观察小鼠双下肢运动和感觉变化。

【注意事项】

横切脊髓位置不宜过高或过低,以腰脊髓 1~3 节段为宜。

【实验讨论与思考】

鼠脊髓半横断后,哪一侧出现瘫痪和随意运动消失?哪一侧痛觉消失?试以运动传导通路和感觉传导通路解释之。

(张亚星)

实验二十七　小脑受损动物的运动功能障碍观察

【实验目的】

观察小鼠一侧小脑损伤后肌张力、随意运动及平衡的变化,以了解小脑在躯体运动中的作用。

【实验原理】

小脑是躯体运动的重要调节中枢,它的主要功能是维持躯体平衡、调节肌张力及协调运动。根据小脑的传入和传出纤维联系,可将小脑分为前庭小脑、脊髓小脑与皮层小脑。前庭小脑主要由绒球小结叶构成,与维持身体平衡和眼球运动有关。脊髓小脑由小脑前叶和后叶的中间带组成,主要功能是调节肌紧张与协调随意运动。小脑前叶蚓部有抑制肌紧张的功能,蚓旁部有加强肌紧张的功能。后叶中间带也有易化肌紧张的功能,对双侧肌紧张均有加强作用。后叶中间带主要功能是协调随意运动。皮层小脑是指后叶的外侧部,主要功能是参与随意运动设计。

【实验对象】

昆明小鼠。

【实验器材与药品】

剪刀、手术刀、镊子、大头针、止血钳、干棉球、蛙板、乙醚。

【实验方法与观察项目】

1. 将昆明小鼠放于实验桌上,观察其正常活动情况。

2. 将昆明小鼠罩于烧杯内,放入一浸透乙醚的棉球使其麻醉(注意防止麻醉过深)。

3. 将昆明小鼠俯卧于蛙板上,用止血钳分别夹住小鼠两耳部皮肤,固定其头部,沿头部正中线剪开头皮至耳后缘水平。以左手拇指和食指捏住头部两侧,用棉花将颈肌轻轻往后推压分离,暴露顶间骨。通过透明的颅骨,可看到小脑位于顶骨下方。用大头针垂直刺入小鼠一侧顶尖骨(尽量远离中线)约2mm,将针伸向前方,自前向后,将一侧小脑浅层捣毁。若有出血,可用棉球压迫止血,用镊子将皮肤复位。动物从麻醉中苏醒后,即可进行观察。

4. 将昆明小鼠放于实验桌上,观察其运动情况:向伤侧旋转或翻滚,姿势不平衡,肢体肌张力改变。

【注意事项】

1. 穿刺头骨损毁小脑时,注意探针位置及深度(不超过 3mm),以免损伤延髓而导致动物死亡。

2. 动作宜轻柔,忌粗暴。

3. 实验完毕后应将昆明小鼠处死。

【实验讨论与思考】

1. 小脑有何生理功能?

2. 毁坏昆明小鼠一侧小脑后,为什么会出现翻滚或旋转爬行动作?

(张亚星)

【实验目的】

观察动物去大脑僵直的现象,并讨论其产生机制。

【实验原理】

中枢神经系统对伸肌的紧张性具有易化作用和抑制作用。在正常情况下,通过这两种作用使骨骼肌保持适当的紧张度,以维持机体的正常姿势。如果在动物中脑上、下丘之间横断脑干,则抑制伸肌的紧张作用减弱而易化伸肌的紧张作用相对增强,动物表现出四肢伸直、坚硬如柱、头尾昂起、脊柱挺硬等现象。这些现象是由伸肌紧张亢进造成的,称为去大脑僵直。

【实验对象】

家兔。

【实验器材与药品】

哺乳动物手术器械一套、骨钻、骨钳、竹刀、骨蜡或止血海绵、纱布棉花、线,3%戊巴比妥钠溶液(或20%乌拉坦溶液)。

【实验方法与观察项目】

1. 动物麻醉:从耳缘静脉的远心端注射3%戊巴比妥钠溶液,按1mL/kg(或20%乌拉坦溶液按5mL/kg)体重对家兔进行麻醉。

2. 制备去大脑僵直动物模型。麻醉后,将兔仰卧固定于手术台上,剪毛并切开颈部皮肤,分离肌肉,行气管插管。将兔转为俯卧位,将头固定头架上,剪去头部的毛,由两眉间至枕部将头皮纵行切开,以刀柄剥离肌肉与骨膜。旁开矢状缝0.5cm左右的颅顶处用骨钻开孔,再用骨钳扩大开口,使所开的骨创口向后扩展至枕骨结节,暴露双侧大脑半球后缘。若有出血,可用骨蜡止血。特别是向对侧扩展时,尤需注意不要伤及矢状窦和横窦,以免大出血(可用针在矢状窦的前、后各穿一条线并结扎)。剪开硬脑膜,结扎两侧颈总动脉,将硬脑膜翻开,暴露脑面。将动物的头托起,用手术刀柄从大脑半球后缘轻轻翻开枕叶,即可见到四叠体(上丘较粗大,下丘较小),在上丘、下丘之间略向前倾斜以竹刀切向颅底,将脑干完全切断,即成为去大脑动物(图2-28-1)。

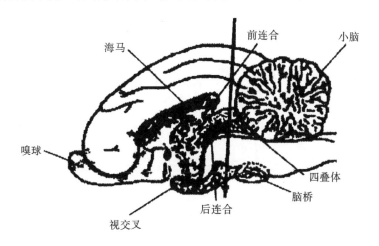

图2-28-1　去大脑僵直脑干切线图

3. 观察:几分钟后,可见兔的躯体和四肢慢慢变硬、伸直(前肢比后肢更明显),头后仰,尾上翘,呈角弓反张状态。

【注意事项】

1. 麻醉不能过深。

2. 切断脑干的位置太低可损伤延髓呼吸中枢引起呼吸停止;反之,切断部位太高则可能不出现去大脑僵直现象。

【实验讨论与思考】

1. 产生去大脑僵直的原因是什么?

2. 比较去大脑僵直和脊休克有何不同。

(张亚星)

实验二十九　家兔大脑皮层诱发电位

【实验目的】

学习记录大脑皮层诱发电位的方法；观察大脑皮层诱发电位的波形；了解大脑皮层诱发电位的产生原理。

【实验原理】

大脑皮层诱发电位是指刺激感觉器官或感觉传入系统有关结构或脑区时，在皮层上某一局限区域所引导的电位变化。本实验是以适当的电刺激作用于左前肢的浅桡神经，在右侧大脑皮层的感觉区引导家兔的诱发电位。用这种方法可以确定动物的皮层感觉区，在研究皮层机能定位上起着重要作用。由于大脑皮层随时都存在自发电活动，诱发电位经常出现在自发电活动的背景上。为了压低自发电活动，使诱发电位清晰地引导出来，实验时常将动物深度麻醉。

【实验对象】

家兔。

【实验器材与药品】

哺乳动物手术器械一套、兔手术台、马蹄形头固定器、电极支架、牙科钻（或钟表起子）、BL－420N 生物机能实验系统、保护电极、皮层引导电极（可用一端在酒精灯上烧成球状并有一小段弹簧样环绕的银丝电极）、滴管、棉花、骨蜡，10% 乌拉坦与 1% 氯醛糖混合麻醉剂、38℃生理盐水与石蜡油（可装在大试管内，试管通过塞孔浸于温水瓶内）等。

【实验方法与步骤】

1. 麻醉：按每千克体重给予 5mL 10% 乌拉坦与 1% 氯醛糖混合麻醉剂的剂量，经耳缘静脉注射。实验过程中以每小时 0.5mL/kg 的维持量经皮下注射补充麻醉，以维持家兔于深麻醉水平，一般以呼吸维持在 20 次/min 左右、皮层自发电位较小为宜。

2. 动物固定与手术。

（1）动物固定：将家兔固定在兔手术台上，取俯卧位。应用马蹄形头固定器将头三点固定,即左、右颧骨突处各做一小切口,在该处用牙科钻(或用钟表起子)钻一小孔,将固定器两侧的尖头金属棒嵌在小孔中,将固定器前方的尖金属棒插在两上门齿缝之间固定。保持兔头处于水平位置并略高于躯干。

(2)分离桡神经:在左侧前肢的肘部桡侧切开皮肤,寻找并分离桡神经约3cm长,用一沾有液体石蜡(38℃)的棉花包裹保护之,并将皮肤切口关闭,夹好备用。

(3)开颅:剪去头顶部手术区的兔毛,于正中切开皮肤,暴露头骨,在前囟右侧约4mm处钻孔开颅,勿损伤硬脑膜,孔径为7~10mm。进一步扩大孔径,但应将前囟保留下来作为定位参考标志。开颅时出血可用骨蜡止血。将记录电极安放在大脑皮层前肢感觉一区(图2-29-1中的前肢一),使银球与皮层表面硬脑膜接触(亦可把硬脑膜除去)。脑表面滴加38℃液体石蜡予以保护,以防干燥(液体石蜡宜置于保温瓶内,用时吸出)。亦可在上述区域内打一小孔,供放入引导电极接触硬脑膜,如效果不好,可在邻近钻孔开颅引导。

(4)电极安放与连接:将刺激电极和引导电极分别与BL-420N生物机能实验系统刺激输出和信号输入接口(CH1)相连,用保护电极将桡神经钩好并用液体石蜡棉球保护。无关电极可用一银片夹在头皮边缘。

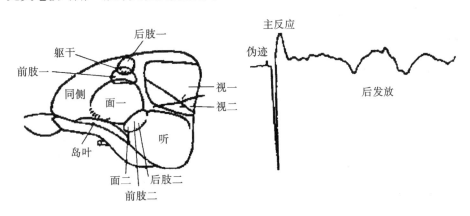

图2-29-1　兔大脑皮层感觉代表区及运动区诱发电位

【观察项目】

启动BL-420N生物机能实验系统,选择"实验模块"中的"中枢神经实验",在子菜单中选择"大脑皮层诱发电位"实验模块。根据信号窗口中显示的诱发电位波形,再适当调节实验参数以获得最佳的实验效果。

以上步骤可由下面5步代替:①选择"输入信号"菜单中的"1通道"菜单项,以弹出"1通道"子菜单。②在"1通道"子菜单中选择"动作电位"信号。③基本参数设置如下。增益:200;高频滤波10kHz;交流(AC):0.1s输入。④在"设置刺激器参数"对话框中调节实验参数,可参考以下参数。模式:粗电压;方式:单刺激;延时:5ms;波宽:0.1～0.5ms。⑤使用鼠标单击工具条上的"开始"命令按钮。

单击刺激器调节区上的"启动刺激"命令按钮,逐渐增强刺激桡神经的强度,先可在显示器上观察到刺激伪迹,随着刺激的增强,可在刺激伪迹之后看到诱发电位。仔细调整引导电极在皮层表面的位置,逐点探测,引出较大振幅诱发电位的点即为该诱发电位的中心区,注意观察诱发电位的潜伏期、主反应和后发放的过程、相位及振幅的大小。

【注意事项】

1.开颅时要尽量小心,勿伤及矢状窦,若有损伤即用止血海绵小心止血,或加以结扎。

2.整个实验要在电屏蔽室内进行,或把动物用铜丝网屏蔽起来,防止交流电干扰。

3.对神经及皮层注意保温与防止干燥。

【实验讨论与思考】

1.在引导皮层诱发电位前,显示屏上的不规则电位波动是什么电位？它是怎样形成的？

2.皮层诱发电位的主反应是否是动作电位？其先正后负的原理是什么？如何解释后发放的正相波动？

3.躯体感觉传入系统的神经通路如何传导？皮层代表区在哪个部位？动物与人有何差异？

（关　莉）

【实验目的】

观察肾上腺摘除动物,了解肾上腺皮质激素的作用及其对生命活动的重要性。

【实验原理】

肾上腺分肾上腺皮质和肾上腺髓质两部分。肾上腺皮质分泌的激素(包括糖皮质激素、盐皮质激素和性激素等)的生理作用极为复杂,并与水盐代谢和糖、蛋白质、脂肪的代谢均有关,是维持机体生命所必需的。当机体受到各种伤害性刺激(如感染、缺氧、创伤、手术、疼痛、寒冷及精神紧张等)时,垂体释放的促肾上腺皮质激素(adrenocorticotropic hormone, ACTH)增加,血液中糖皮质激素增加,并产生一系列提高全身适应性和耐受性的反应,称为应激反应。肾上腺髓质分泌的激素(肾上腺素和去甲肾上腺素)受交感神经支配,二者关系密切,组成交感-肾上腺髓质系统,在机体应急反应中发挥重要作用。摘除动物肾上腺后,将导致肾上腺功能不全,动物迅速表现出水盐代谢失衡和肾上腺皮层激素功能失调的现象,如食欲下降、血压降低和肌无力等,同时也会有抗炎能力、抗过敏能力下降,因此对有害刺激的耐受力下降。因肾上腺髓质功能类似于交感神经的功能,故对机体影响较小,而肾上腺皮质功能失调现象则较严重。

【实验对象】

雄性大鼠(体重150g左右)。

【实验器材与药品】

哺乳动物手术器械一套、大烧杯、大玻璃缸、动物秤、秒表、蛙板、棉花,乙醚、0.9% NaCl溶液(生理盐水)、10% NaCl溶液(10%盐水)、75%酒精、可的松(cortisone)等。

【实验步骤与观察项目】

1. 观察肾上腺摘除对生命维持的影响。

(1)实验大鼠分组:选择健康大鼠40只,分别记录体重,然后分为四组,每组5～10只。第一组动物保留肾上腺,做假手术对照。第二、三、四组手术摘除双侧肾上腺。

(2)肾上腺摘除术:具体步骤如下。将大鼠置于盛有乙醚的封闭瓶内麻醉,直至大鼠头部垂下不再挣扎。取俯卧位将其固定于蛙板上,剪去背部的毛(用75%酒精消毒手术部位的皮肤和术者双手,手术器械也应在盘中用75%酒精浸泡10min),在胸腰椎交界处,沿背部正中线切开皮肤约3cm。先使动物向右侧卧倒,用小剪刀轻轻沿左侧最后一根肋骨与脊柱交点处分离肌肉,用镊子撑开此肌层切口,并以小镊子夹生理盐水棉球轻轻推开腹腔内的脏器和组织,便可在肾上方找到淡黄色的肾上腺,直径为 2~4mm,周围被肾脂肪囊所包裹。用血管钳分离并在肾上腺下面将通至肾上腺的血管紧紧夹住,用线结扎,再用眼科剪和小镊子将肾上腺剥离摘除(肾上腺的构造极为脆弱,剥离时要小心,不要直接夹它以免弄破而难以完全摘除)。再使动物向左侧卧倒,按上述方法摘除右侧肾上腺。右侧肾上腺的位置略高于左侧,且靠近腹主动脉和下腔静脉,手术时应多加小心,切勿损伤大血管。摘除完毕后,依次用细线缝合肌层和皮肤的切口,并用75%酒精消毒皮肤的缝合口。对照组亦应进行与实验组相同的手术,但不摘除肾上腺。

(3)术后大鼠饲养:术后第一、二两组动物给清水,第三组动物给10%盐水,第四组动物给予可的松(每天2次,每次50μg)。手术后各组动物应在同样的条件下饲养:室温应尽量保持在 20~25℃;喂以高热量和高蛋白的饲料;饮用水供应充分;动物应尽可能分笼单独饲养,以免互相残杀。

(4)观察和记录:观察比较四组动物在一周之内的体重变化、进食情况、活动情况、肌肉的紧张度,以及死亡率等。可参照下表进行记录(表2-30-1)。

表2-30-1 肾上腺摘除对体重的影响(体重:g)

动物号	对照组		摘除肾上腺 + 清水		摘除肾上腺 + 盐水		摘除肾上腺 + 可的松	
	术前	术后 6d	术前	术后 6d	术前	术后 6d	术前	术后 6d
1								
2								
3								
4								
6								
6								
7								
8								
9								
10								
平均体重								
死亡率(%)								

注:如果动物在6d内死亡,请于"术后6d"格内注明死亡日期。

2.观察肾上腺摘除后动物运动功能与应激功能的改变。

（1）禁食刺激。禁食前观察并记录各组大鼠的体重、进食情况、活动情况和肌肉紧张度。各组大鼠停止喂食，并全部饮用清水，第三组不再引用盐水，第四组不再给予可的松。在禁食2d后，观察各组大鼠的体重、进食情况、活动情况和肌肉紧张度与禁食前有何变化。

（2）观察大鼠在遇溺时游泳时间等运动功能的改变并记录。实验时，将各组大鼠同时置于大玻璃缸内（水温在4℃以下）。大鼠即在水中游泳，开始计时，观察哪组动物先溺水下沉。当有一组动物全部溺水下沉时，记录时间，将动物同时自水中取出，观察溺水动物的恢复情况。

【注意事项】

1.手术时勿麻醉过深，手术中防止失血过多。

2.动物应进行编号以免混淆，可用黄色的苦味酸稀溶液进行编号（涂在大鼠的不同部位代表不同编号）。

3.实验结束后应将动物处死。解剖查验其肾上腺是否已完全摘除，手术部位有无发炎化脓等情况。

【实验讨论与思考】

1.实验分组的依据是什么？为什么要设置饮用盐水，以及给予可的松？

2.比较各组大鼠的存活率，以及禁食和遇溺时的运动功能，并解释其机制。

3.思考并讨论肾上腺摘除以后，体内分泌的激素水平下降，反馈性作用于下丘脑，对机体神经内分泌功能的影响。

（刘　微）

实验三十一　视敏度测定

【实验目的】

掌握视敏度(视力)的测定原理,学习视敏度的测试方法。

【实验原理】

视敏度,又称视力,是指眼对物体细小结构的分辨能力,通常以眼能辨别两个点的最小距离作为衡量标准。检测视敏度就是检测视网膜中央凹(黄斑区)精细视觉的分辨能力。正常人眼的视敏度以人所能看清楚的最小视网膜上的像的大小为指标,这一指标相当于视网膜中央凹处一个视锥细胞的平均直径($4 \sim 5\mu m$)。两个点发出的光线在眼球内节点处交叉所构成的夹角称为视角。正常情况下,人眼能分辨出两点间的最小距离(一个视锥细胞的平均直径)所形成的视角为1分。临床规定,当视角为1分时,能辨别两个点或看清楚字或图形的视力为正常视力。在良好的光照条件下,5m远处视力表上1.0行"E"形视标,每一划的宽度和每两划之间的空隙均为1.5mm,此时相距1.5mm的两个光点所发出的光线交叉所形成的夹角为1分。

【实验对象】

人。

【实验器材与药品】

国际标准视力表(简称视力差)、遮眼板、指示棒、米尺等。

【实验步骤与观察项目】

1.将视力表挂在光线充足而均匀的地方,受试者距视力表5m,视力表的第10行应与眼睛在同一高度。

2.受试者用遮眼板遮住一只眼,另一眼看视力表。测试者从第一行开始,让受试者按自上而下的顺序辨认表上的"E"形视标,每指一个,受试者应准确说出缺口方向,如此直到受试者能辨认清楚最小的图形为止,该排图形旁边所标注的数字代表受试者该侧眼睛的视力。

3.若受试者对最上一行图形不能辨认,则须另受试者向前移动,直到能辨认最上一行时,测量其与视力表的距离,并按公式推算视力(受试者视力＝受试者辨认某视标的最远距离/正常视力辨认该视标的最远距离)

4.用同样方法测试另一只眼的视力。

【注意事项】

1.视力测试时须光线充足,视力表表面须清洁平整;测定过程中必须避免由侧方射来的较强光线的干扰。

2.检查时不要眯眼睛或斜眼看。

【实验讨论与思考】

1.为什么用视力表可以检查视敏度?

2.请分析视力、视角、视标("E")大小和被检测者与视标间距离是什么关系。

3.检查视力时,为什么眼必须注视正前方某点而不能斜视? 请从视网膜的结构特点加以说明。

4.某受试者在3m远的地方才能看清楚视力表上的第一行(从上往下数),请问他的视力是多少?

5.视力从0.1提高到0.2时视角减少的程度和视力由0.9提高到1.0时视角减少的程度一样吗? 视角的改变与视力的变化程度是否成正比?

(刘　微)

实验三十二　视野测定

【实验目的】

掌握视野的检查方法,了解正常视野的范围及测定视野的意义。

【实验原理】

单眼固定注视前方一点时,该眼所能看到的空间范围称为视野。此范围又称周边视力,也就是黄斑中央凹以外的视力,通常以和视轴形成的夹角的大小来表示。借助视野检查可以了解整个视网膜的感光功能,并有助于判断视力传导通路和视觉中枢的机能。在同一光照条件下,用不同颜色的目标物所测得的视野大小不同,白色视野最大,其次为黄色、蓝色,再次为红色,绿色视野最小。视野的大小可能与各类感光细胞在视网膜中的分布范围有关。另外,由于面部结构(鼻和额)阻挡光线,正常人的视野在鼻侧和额侧较窄,在颞侧和下侧较宽。

【实验对象】

人。

【实验器材与药品】

视野计、各色视标、视野图纸、各色铅笔等。

【实验步骤与观察项目】

1.熟悉视野计的构造和使用方法。最常用的是弧形视野计(图2-32-1),它是一个安装在支架上的半圆形金属弧,其中心固定,可做360°旋转,旋转的角度可以从分度盘上读出。圆弧上标有刻度,表示由点射向视网膜周边的光线与视轴之间的夹角。视野的界限就是以此角度表示的。在圆弧内面中央装一个固定的小圆镜,其对面的支架上附有可上下移动的托颌架。

2.受试者背对光线,下颌放在托颌架上,眼眶下缘靠在眼眶托上,调整托架高度,使眼与弧架的中心点在同一水平线上。用眼罩遮住一只眼,另一眼凝视弧架中心点,接受测试。

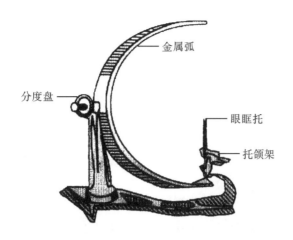

图 2 - 32 - 1　弧形视野计

3. 测试者旋转半圆弧呈水平位,从 0°一侧的周边向中央缓慢移动弧架上的白色视标,随时询问受试者是否能看到白色视标,直到受试者刚能看到为止,记下弧架上的刻度;再重复一次,求出平均值,然后画在视野图纸上(图 2 - 32 - 2)。依同样方法测出 180°一侧的视野值,并画在视野图纸上。

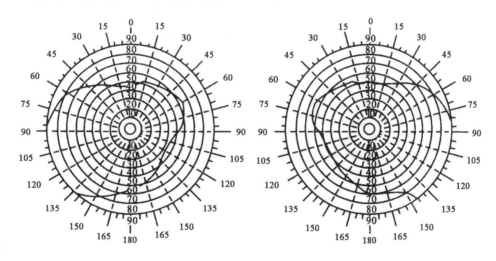

图 2 - 32 - 2　视野图纸

4. 依次旋转半圆弧,每转动 45°重复上述操作,共操作 4 次,得出 8 个经纬度数值,用平滑曲线将各点依次连接起来,即为该眼白色视野范围。

5. 按照相同的操作方法,测出该眼黄、红、绿各色视野,分别用相应颜色的彩笔在视野图上标出。

6. 以同样的方法,测定另一只眼睛各种颜色的视野。

【注意事项】

1. 测试中要求受试者被测眼一直注视圆弧形金属架中心固定的小圆镜,眼球不能转动,用余光观察视标。

2. 测定一种颜色的视野后,应休息 5min 后再继续测另一颜色的视野,以免因眼睛疲劳造成误差。

【实验讨论与思考】

1. 何谓视野? 各种颜色的视野有何不同?

2. 一患者左眼鼻侧视野和右眼颞侧视野发生缺损,请判断其病变的可能部位。

3. 请问夜盲症患者的视野是否会发生变化? 为什么?

（刘　微）

实验三十三　盲点测定

【实验目的】

学习测定盲点位置和范围的方法。

【实验原理】

视网膜上视觉纤维汇集穿出眼球的部位(即视神经乳头所在部位)没有感光细胞,外来光线成像于此不能引起视觉,故在视野中形成生理盲点。根据物体成像的规律,通过测定盲点投射区域的位置和范围,依据相似三角形各对应边边长成正比的定理,计算出盲点所在的位置和范围。

【实验对象】

人。

【实验器材与药品】

白纸、铅笔、黑色指示棒、尺子和遮眼板等。

【实验步骤与观察项目】

1.将一张白纸贴在墙上,受试者立于纸前50cm处,用遮眼板遮住一只眼,在白纸上与另一只眼相平的地方用铅笔划一"＋"字记号,请受试者注视。

2.实验者手持指示棒,将其尖端视标自"＋"点向被测眼颞侧缓缓移动。此时,受试者被测眼要始终凝视"＋"点。当棒尖移动到受试者恰好看不见时,即在此标记位置。然后再继续向颞侧缓缓移动棒尖,直至又重新看见棒尖时再记下其位置。

3.由所记下的两个记号的中点起,沿着各个方向直线移动指示棒,找出并记录各方向刚能被看到和看不到的交界点,将所得各点依次相连,即得到一个不规则的圆圈,此即为该眼的盲点投射区。盲点的投射和盲点直径计算原理见图 2-33-1。

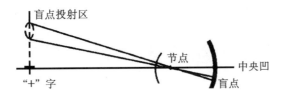

图 2-33-1　盲点的投射和盲点直径计算原理示意图

4. 根据相似三角形各对应边边长成正比定理,计算出盲点与中央凹的距离与盲点直径。

$$盲点与中央凹的距离(mm) = 盲点投射区至" + "点的距离 \times 15/500$$

$$盲点直径(mm) = 盲点投射区直径 \times 15/500$$

【注意事项】

眼睛注视" + "点,不要跟随指示棒转动。

【实验讨论与思考】

1. 我们在日常注视物体时,为什么没有感觉到生理性盲点的存在?

2. 当盲点范围发生变化时,我们应该注意什么问题?

(刘 微)

实验三十四　声音传导的途径

【实验目的】

通过任内氏试验和魏伯氏试验,了解气传导和骨传导的两种不同途径,进而了解临床上鉴别传导性耳聋和神经性耳聋的常用方法。

【实验原理】

声波在正常人主要经外耳、鼓膜和听骨链,再经卵圆窗传入内耳引起听觉,称为气传导。声波也可直接作用于颅骨,引起内淋巴振动,产生听觉,称为骨传导。骨传导的效果远较气传导差。当气传导发生障碍时,气传导的效应减弱或消失,骨传导效应相应提高。由于鼓膜或中耳病变等气传导障碍引起的听力下降或消失,称为传导性耳聋。临床上可通过检查患者气传导和骨传导受损的情况来判断听觉异常可能的产生部位和原因。

【实验对象】

人。

【实验器材与药品】

音叉(频率为256Hz或512Hz)、棉球。

【实验方法与步骤】

1. 比较同侧耳的气传导和骨传导(任内氏试验,Rinne test)。

(1)室内保持安静,受试者取坐位,闭眼。检查者振动音叉后,立即将音叉柄置于受试者一侧颞骨乳突部。此时,受试者可听到音叉响声,以后随着时间延长,声音逐渐减弱。当受试者刚刚听不到声音时,立即将音叉移至其外耳道口,则受试者又可重新听到响声。反之,先置音叉于外耳道口处,当听不到响声时再将音叉移至颞骨乳突部,受试者仍听不到声音。临床上称这种情况为任内氏试验阳性,这说明正常人气传导时间长。

(2)用棉球塞住同侧外耳道,重复上述试验。若测气传导时,振动的音叉在外耳道口听不到声音,则再敲击音叉,先置于外耳道口,待听不到响声时,将音叉置于颞骨的乳突部,受试者仍可听到响声,说明气传导时间缩短,等于或小于骨传导时间,临床上称为任内氏试验阴性。

2.比较两耳的骨传导(魏伯氏试验,Weber test)。

(1)将振动的音叉柄置于受试者前额正中发际线处,要求受试者比较两耳感受的声音强度。正常人两耳声音强度相同。记录时以"→"表示偏向,"="表示声音在中间。

(2)用棉球塞住受试者一侧外耳道,重复上述操作,询问受试者声音偏向哪侧。

【注意事项】

1.敲响音叉时用力不要过猛,切忌在坚硬物体上敲打,以免损坏音叉。

2.音叉放在外耳道口时,应使音叉的振动方向正对外耳道口。注意叉枝勿触及耳廓或头发。

【实验讨论与思考】

1.声波通过哪些途径传入内耳? 为何正常情况下气传导效果远高于骨传导效果?

2.如何通过上述任内氏试验和魏伯氏试验分辨传导性耳聋和神经性耳聋?

(徐进文)

实验三十五　破坏动物一侧迷路的效应

【实验目的与原理】

通过破坏迷路的方法,观察迷路在调节肌张力与维持身体姿势中的作用。

【实验原理】

迷路(内耳)中的前庭器官是感受头部空间位置和运动的感受器装置,其功能在于反射性地调节肌紧张,维持身体的姿势与平衡。如果损坏动物的一侧迷路,机体肌紧张的协调就会发生障碍。

【实验对象】

豚鼠、蛙或鸽子。

【实验器材与药品】

手术器械、探针、棉球、滴管、水盆、蛙板、纱布,氯仿、乙醚等。

【实验方法与观察项目】

1. 破坏豚鼠的一侧迷路。取正常豚鼠一只,将其侧卧绑定,使动物头部呈侧位不动,抓住耳廓轻轻上提并暴露外耳道,用滴管向外耳道深处滴入 2～3 滴氯仿。氯仿通过渗透作用于半规管,破坏该侧迷路。7～10min 后放开动物,观察动物头部位置、颈部和躯干及四肢的肌紧张度。

2. 破坏蛙的一侧迷路。将蛙放在蛙板上,观察其正常姿势。观察后用乙醚将其麻醉,将蛙的腹面朝上。用镊子夹住蛙的下颌并向下翻转,使其口张开。用手术刀或剪刀沿颅底骨切开或剪除颅底黏膜,可看到"十"字形的副蝶骨。副蝶骨左右两侧的横突即迷路所在部位,将一侧横突骨质剥去一部分,可看到粟粒大小的小白丘,是迷路位置的所在部位。用探针刺入小白丘深约 2mm,破坏迷路。7～10min 后,观察蛙静止和爬行的姿势及游泳的姿势。

3. 破坏鸽子的一侧迷路。

(1)首先观察鸽子的运动姿势,然后用乙醚轻度麻醉鸽子,切开头颅一侧的颞部皮肤,用手术刀削去颞部颅骨,用尖头镊子清除骨片,可看到三个半规管。

(2)用镊子将半规管全部折断,然后缝合皮肤。

(3)待鸽子清醒后(约20min)观察它的姿势有无变化。

(4)将鸽子放在高处令其飞下,观察其飞行姿势有无异常。

(5)将鸽子放在铁丝笼子内,旋转笼子,观察鸽子头部及全身的姿势,与正常鸽子相比较,有何不同。

【注意事项】

1.氯仿是一种高脂溶性的全身麻醉剂,其用量要适度,以防动物因麻醉而死亡。

2.蛙的颅骨板很薄,损伤迷路时要准确了解其解剖部位,用力适度,避免损伤脑组织。

3.选择健康、对称性好、两眼无疾病的动物进行实验。

【实验讨论与思考】

1.为什么破坏动物一侧迷路后,其头和躯干会偏向患侧?

2.前庭器官由哪几部分组成? 它们的生理功能有哪些?

(徐进文)

实验三十六　自主设计实验

本书前面所介绍的实验项目,多数是验证性和演示性实验。学生按照实验指导或老师预先设计好的实验方案按部就班进行操作,进而掌握基本实验方法和实验技能,并验证了课堂教学的理论。自主设计实验,又称自由探索实验,则是学生在实验教师的指导下,自选一项与医学有关但机制尚未完全明确的问题,采用科学的思维方法,综合运用所学的理论知识,查阅有关资料,互相讨论,大胆设计实验方案,选择合适设备、仪器、试剂、药品和动物等,通过具体的实验操作,观察、记录、统计分析实验数据,得出结果和结论,并撰写实验报告的一种开放式教学实验。

自主设计实验的实施程序与科研过程是一致的,自主设计实验,可使学生初步掌握医学科学研究的基本程序和方法,培养学生的自学能力、创新能力、科学的创造性思维能力等综合素质。在整个实验过程中,学生处于主动学习状态,故自主设计实验能够充分调动学生的积极性和创造性,激发学生探索发现新知识的兴趣和热情。自主设计实验的内容大多尚未被学生所系统了解,需要学生通过实验去认识、学习。自主设计实验打破传统的"实验依附理论"教学模式,恢复了实验在人们认识自然界、探索科学发现过程中的本来面目,使实验教学真正成为学生学习知识、培养能力的基本方法和有效手段,为学生尽早接触和进入科研实践打下良好的基础。

一、选题

选题是科研的第一步,选题是否恰当直接影响到科研的成败。因此,学生要谨记科研选题的四大原则:一是要有创新性,所谓创新可以是理论的创新或方法的创新,而不是低水平重复、抄袭、模仿。现阶段国家特别鼓励"从 0 到 1"的原始创新,创新性是科研过程中每个评价环节的首要指标。二是要有科学性,所谓科学性指选题要具有客观性或真实性,立题要有科学依据,不能违背已知的、公认的自然规律。三是要有可行性,即选题必须充分考虑自己的主、客观条件,确保实验能够顺利进行。四是要有实用性,即选题具有明确的理论意义和实践意义。选题的过程是创新性思维的过程:它需要查阅大量的文献资料及实践资料,了解本课题近年来已取得的成果和存在的问题,找到要探索的课题关键所在,提出新的构思或假说,从而确定研究的课题。

对于生理学自主设计实验的选题而言,还不必严格地按科研要求。学生的选题来源主要是对所学习的理论知识的验证,同一种理论知识可以用不同的方法、从不同的途径加以验证,设计出不同的实验。也可以应用生理学实验方法去解决指导老师科研课题中或生活中的某些问题,对这类探索性的课题,也应给予充分的肯定和鼓励。

以下是供同学参考的几个选题:

①细胞外 K^+ 增加对神经干动作电位传导的影响;②细胞外 K^+ 增加对心肌静息电位的影响;③迷走神经对心脏活动的紧张性调节及作用机制分析;④腺苷对血管功能的调节及机制研究;⑤胸膜腔内压和肺内压的关系研究;⑥盐酸刺激胰液分泌的机制研究;⑦胃容受性舒张的神经控制及递质研究;⑧"治风先治血"在痹症治疗中的实验基础;⑨人参和附子在失血性休克抢救中的作用及机制研究。

二、实验设计的主要内容

确定选题之后,就需要进行实验设计。实验设计是关于实验研究的计划和方案的制订,是对实验研究所涉及的各项基本问题的合理安排,是通过实验研究能获得预期结果的重要保证。实验设计需通过查阅文献及相关资料,运用统计学的知识和方法,确定实验方法和步骤,撰写"实验设计书",作为开展实验的依据。"实验设计书"一般包括以下内容。

1. 课题名称:即选题。

2. 目的:要解决的问题或要达到的目的,力求明确。一个实验项目所研究的内容和观察的指标不宜过多,最好集中解决 1~3 个问题。

3. 选题依据:包括理论依据和实验依据。

4. 实验对象:又称受试对象。生理学实验的受试对象可以是人,也可以是动物。人体作为实验对象的优点是不存在种属差异,实验所获的结果及结论可直接应用于人体。其缺点是实验方法有严格限制,根据伦理规范和有关法律的要求,人是不能随便作为医学实验对象的。无论是基础研究还是临床研究,都严格规定实验本身不能对人体造成任何伤害,如血压、脉搏、呼吸、尿量等观察实验,如果有可能造成某种伤害而又必须进行,必须让实验对象知情并且同意。因此,生理学的实验对象绝大多数是动物。至于应选择何种动物,要根据实验内容来决定,选择动物的条件如下:①必须选用健康动物,动物的健康状态可以从动物的活动情况和外观加以判断;②动物的种属及其生理、生化特点需适合要复制的研究模型,例如鸡、犬不适合作为发热模型,家兔则适合;大鼠没有胆囊;猫和鸽子有灵敏的呕吐反射,而家兔和其他啮齿动物则不发生呕吐;豚鼠耳蜗较发达,常用于引导耳蜗微音器电位;呈一束的减压神经仅见于家兔,多用于减压反射或减压神经放电实验等;③动物的生物学特征是否比较接近人类而又经济易得;④动物的品系和等级是否符合要求;⑤动物的年龄、体重、性别最好相同,以减少个体间的生物差异。

5. 施加因素:也称处理因素,是人为设置给实验对象的,相当于生理学概念的刺激(如电刺激、针刺、灸、温度刺激、外科手术等)。施加因素可以是单因素,也可以是多因素,应根据需要确定,不可过多也不宜过少。例如施加因素为药物时,一次实验应用的药物不宜过多,否则易产生分组增多,实验对象样本数增多,实验时间不易控制等。但施加因素过少又会影响实验的水平或质量,即实验的深度和广度。还应注意确定施加因素的强度,同一施加因素可以设置不同的强度,如药物可给予不同剂量,电刺激可有不同的电压、电流强度、刺激频率、持续时间等,应视实际需要确定。施加因素还应注意标准化,如药物应为同一生产厂家、同一批号,针刺、灸治、手术等应尽量由同一人操作,电刺激的电压、电流、刺激频率、持续时间均应保持一致等。此外,还应注意尽量减少非施加因素,如实验动物的年龄、性别、体重等因素可能对实验结果有干扰(影响),这些因素也应当尽量标准化。

6. 实验器材:包括主要仪器设备、器械及施加因素的试剂或药品等,应全部列出清单,便于实验前预先准备。

7. 实验方法和步骤:生理学实验的方法种类很多,具体的方法应视实验目的、技术条件而定。其中主要包括动物麻醉及固定方法、手术操作程序、实验仪器的有关参数设置等内容。方法必须科学可行,操作步骤力求规范、精确、方便。

8. 实验效应:主要是指选用什么样的标志或者指标来表达处理因素对受试对象的某种作用的有无及大小。好的观察指标是实验成败的关键。一个好的观察指标应有特异性,能反映所研究对象的本质,客观而灵敏,易于观测,记录方便,可量化,重复性好,能较真实地反映实验对象的真实情况。应列出所选定的各项指标,还应根据已知理论预先推测出符合逻辑的实验结果。

9. 注意事项:应列出可能在实验过程中出现的影响实验成败的问题及其解决办法。

10. 主要参考文献:应列出题名(书名或论文题目)、作者、出处(刊物、图书之页码)、出版时间、地点、单位等。

以上内容根据实际情况而定,不一定每一个项目都必备。

三、实验设计的注意事项

国家中医药管理局科技教育司曾经对中医药科研项目的规范提出"十五字方针",即:随机、双盲、对照、多中心、大样本、前瞻性。这个规范相当简明,对当前中医药科研设计具有很强的针对性和指导性,能保证中医药科研设计的科学性、先进性和较高的水平。对于大学生在学习期间的实验设计而言,不一定严格遵照以上要求,但以下几点,应引起足够的注意。

1. 确定样本量要适当:理论上讲,样本量越大则结论越可靠,但实践中应是在保证结论可靠的前提下确定最少的样本量。具体方法可参考《卫生统计学》教材。

2. 设立对照组或对照实验:这是任何一项科研实验的基本要求。生理学实验是严格的受控实验,对照的原则是除了待检测的因素不同之外,各对照组与实验组之间的其他条件应完全一致。常用对照形式有空白对照(即在不加任何处理的"自然"条件下进行的观察对照)、标准对照(即以国家或有关行业组织确定的标准值或正常值进行对照)、实验对照(指与某种有关实验条件下出现的结果进行对照)、自身对照(指同一实验对象实验前与实验后有关观察指标数据资料的对比)等。

3. 实验条件必须注意各实验组前后均一致:如实验动物的种类、年龄、性别应相同,体重应接近,分组时应随机;应用的试剂、药物剂型、批号、剂量应相同;刺激强度或手术操作应尽可能一致;其他环境条件(如温度、湿度等)都应尽可能一致。

4. 观察项目应标准化:尽量有可量化的、可明确判定效果的标准,避免仅有"活跃""迟钝"之类定性的描述。标准必须是客观的,结果应当是可重复的。

5. 对同一实验课题应注意应用多种方法来设计:例如观察某一神经因素对某一生理指标的影响,不仅可用各种刺激神经本身的方法,也可用切断该神经或受体阻断、模拟药物等方法。

四、实验中应注意的问题

1. 实验中应按设计要求认真观察,及时、准确、全面地进行记录。

2. 如发现预料之外的情况,可对原设计进行必要调整,但不宜大规模改动。

3. 对实验结果须进行全面的整理分析,实验数据须按统计学要求进行正确处理。

五、撰写实验报告应注意的问题

撰写实验报告可参考上篇第一章中"生理学实验报告的书写"内容,应特别注意以下问题。

1.对照"实验设计书",检查是否各条均按设计要求完成,如有没有完成的项目应客观地、实事求是地分析原因。

2.实验结论应由结果推导而来,若不能得出结论,也可不下结论,但不能牵强附会得出不符合逻辑的结论。

3.结果无论是阳性的,还是阴性的,是预期的,还是与预期不符甚至相反的,都必须实事求是地记录、分析,不应任意取舍、修改或增加实验数据以使结论符合自己的主观预期。

（许洁安）

参考文献

[1]秦川.实验动物学[M].北京:人民卫生出版社,2010.

[2]王冰梅,张松江,杜联.生理学实验指导[M].北京:清华大学出版社,2018.

[3]彭芳.生理学实验指导[M].西安:西安交通大学出版社,2017.

[4]触景田,刘燕强,崔庚寅.生理学实验[M].4版.北京:高等教育出版社,2016.

[5]郭健,杜联.生理学实验[M].3版.北京:人民卫生出版社,2022.

[6]褚震芳,郭生春,刘文慧.生理学实验指导[M].厦门:厦门大学出版社,2020.